学科解码　大学专业选择指南

总　主　编　　丁奎岭
执行总主编　　张兆国　吴静怡

电气类专业
第一课

上海交通大学电气工程系　组编

冯琳　孙佳　王亚林　周云　编著

上海交通大学出版社
SHANGHAI JIAO TONG UNIVERSITY PRESS

内容提要

本书为"学科解码·大学专业选择指南"丛书中的一册，旨在面向我国高中学生及其家长介绍电气学科及专业的基本情况，为高中生未来进一步接受高等教育提供专业选择方面的指导。本书内容包括认识学科、专业面面观、职业生涯发展三部分，从电气学科发展历程、电气专业及其特点、学生培养过程、学生就业方向及职业发展等几方面加以阐述。通过阅读本书，读者可对电气学科与专业的定位、学生专业素质的养成、毕业后实现自身价值的路径等有一定的了解。本书可为高中生寻找自己的兴趣领域、做好未来职业规划提供较全面的信息参考，也可为电气及相关学科专业本科生及其他希望了解电气学科与专业的读者提供参考。

图书在版编目（CIP）数据

电气类专业第一课/冯琳等编著. —上海：上海
交通大学出版社，2024.5
ISBN 978-7-313-30594-7

Ⅰ．①电…　Ⅱ．①冯…　Ⅲ．①电气工程　Ⅳ．①TM

中国国家版本馆 CIP 数据核字（2024）第 078326 号

电气类专业第一课
DIANQI LEI ZHUANYE DI-YI KE

编　著：冯　琳　孙　佳　王亚林　周　云
出版发行：上海交通大学出版社　　　　　地　　址：上海市番禺路 951 号
邮政编码：200030　　　　　　　　　　　电　　话：021-64071208
印　　制：上海文浩包装科技有限公司　　经　　销：全国新华书店
开　　本：880mm×1230mm　1/32　　　　印　　张：3.75
字　　数：73 千字
版　　次：2024 年 5 月第 1 版　　　　　　印　　次：2024 年 5 月第 1 次印刷
书　　号：ISBN 978-7-313-30594-7
定　　价：29.00 元

序

　　党的二十大做出了关于加快建设世界重要人才中心和创新高地的重要战略部署，强调"坚持教育优先发展、科技自立自强、人才引领驱动"，对教育、科技、人才工作一体部署，统筹推进，为大学发挥好基础研究人才培养主力军和重大技术突破的生力军作用提供了根本遵循依据。

　　高水平研究型大学是国家战略科技力量的重要组成部分，是科技第一生产力、人才第一资源、创新第一动力的重要结合点，在推动科教兴国、人才强国和创新驱动发展战略中发挥着不可替代的作用。上海交通大学作为我国历史最悠久、享誉海内外的高等学府之一，始终坚持为党育人、为国育才责任使命，落实立德树人根本任务，大力营造"学在交大、育人神圣"的浓厚氛围，把育人为本作为战略选择，整合多学科知识体系，优化创新人才培养方案，强化因材施教、分类发展，致力于让每一位学生都能够得到最适合的教育、实现最大程度的增值。

　　学科专业是高等教育体系的基本构成，是高校人才培养的基础平台，引导青少年尽早了解和接触学科专业，挖掘培养自身兴趣特长，树立崇尚科学的导向，有助于打通从基础教育到高等教育的人才成长路径，全面提高人才培养质量。而在现实中，由于中小学教育教学体系的特点，不少教师和家长对高校的学科专业，特别是对于量大面广、具有跨学科交叉特点的工科往往不够了解。本套丛书由上海交通大学出版社出版，由多位长期工作在高校科研、教学和学生工作一线的优秀教师共同编纂撰写，他们对学科领域及职业发展有着丰富的知识积累和深刻的理解，希望以此搭建起基础教育到专业教育的桥梁，让中学生可以较早了解学科和专业，拓展视野、培养兴趣，为成长为创新人才奠定基础；以黄旭华、范本尧等优秀师长为榜样，立志报国、勇担重担，到祖国最需要的地方建功立业。

"未来属于青年，希望寄予青年。"每一个学科、每一个专业都蕴含着无穷的智慧与力量。希望本丛书的出版，能够为读者提供更加全面深入的学科与专业知识借鉴，帮助青年学子们更好地规划自己的未来，抓住时代变革的机遇，成为眼中有光、胸中有志、心中有爱、腹中有才的卓越人才！

上海交通大学党委书记

2024 年 5 月

前　言

　　电气技术的发展是人类历史的重要篇章。自从人类掌握了电的力量，我们的生活、工作方式，甚至整个世界都发生了翻天覆地的变化。从法拉第发现电磁感应，到爱迪生发明电灯泡，再到特斯拉建立交流电系统，电气技术的每一次突破都极大地推动了人类文明的进步。

　　历史上，电气技术带来了第二次工业革命，世界"亮"了！在电气技术的驱动下，机器得以大规模运用，生产力得到极大的提高。如今，电气技术已经深深地渗透我们生活的方方面面，从家庭的照明、取暖，到工厂的自动化生产线，再到城市的电力供应，都离不开电气技术的应用。

　　电气类专业便是以研究这种强大力量为核心的专业领域。它孕育了电子、自动化、计算机等多个学科，涵盖电力系统、高电压技术、电机与电力电子、电工新理论等多个方向，致力于培养能够掌握和运用电气技术的专门人才。

　　当今，随着科技的不断进步，电气类专业的发展也日新月异。新能源技术的崛起，如太阳能、风能等可再生能源的开发利用，为电气类专业人才带来了新的挑战和机遇。智能电网、电动汽车、能源互联网等新兴领域的发展，也使得电气类专业的研究领域和应用范围不断扩大。特别是在全球倡导绿色、低碳发展的大背景下，我国的双碳战略——"碳达峰"与"碳中和"更是为电气类专业的学生提供了广阔的舞台。

这本书的目的正是帮助面临专业选择的高中生及其家长和有志于投身该事业的大专院校学生"点亮"前路。我们希望通过讲述电气的历史和当下的发展，介绍学生的培养过程以及毕业后的就业方向，让大家对电气类专业有全面而深入的了解，从而更好地规划自己的学习和职业道路。愿您在阅读这本书的过程中，能感受到电气的魅力，看到电气类专业所能带来的无限可能。无论您是对科学技术有着浓厚兴趣，还是希望为国家的双碳战略贡献力量，电气类专业都是一个值得您深入探索的选择。

本书的4位作者均为上海交通大学电子信息与电气工程学院电气工程系一线教师，本书第1章由王亚林老师整理编写，第2章由孙佳老师整理编写，第3章由冯琳、周云老师整理编写。衷心感谢上海交通大学尹毅、朱淼、张峰、刘东、罗利文、王勇、汪可友、许少伦、文书礼等老师，黄思琪同学，杨文威、周骏麟、洪峰等校友，以及上海交通大学出版社的大力支持。

当然，这本书只是电气世界的一个小小缩影，由于笔者的水平有限，我们真诚地希望读者朋友们在阅读过程中，如发现任何疏漏或错误，能够给予谅解和指正。

　　最后，愿这本书能成为您了解电气类专业的良师益友，我们期待着更多的年轻人投身到这个充满挑战和机遇的领域，共同创造更加光明的未来！

冯琳

2024 年 3 月

目 录

第1章

与时俱进的电气

1.1 电气发展史

在电气学科蔚为壮观的发展史中，我们将追溯电力的发现与演变，从奥斯特、法拉第、爱迪生，到当今智能电网的创新。我们将探索电气学科的发展历程，跟随先贤的脚步，走进电气的世界。

1.1.1 电的发现与历史

我们在学习初中物理的时候，就知道摩擦会生电，用丝绸摩擦过的玻璃棒带正电，用毛皮摩擦过的橡胶棒带负电，这正是人们认识电的过程。"电"似乎是一个非常现代的字眼，其实人类对电的观察和研究，早在古代就开始了。古希腊唯物主义哲学家泰勒斯说，当时织工们已观察到摩擦起电现象，用毛织物摩擦琥珀，就能吸引很轻很小的物体。我国唯物主义哲学家王充在《论衡》中，也有关于"顿牟掇芥"的记载（顿牟就是琥珀，掇芥即能吸引很轻很小的物体）。然而千百年来，电只不过是学者们好奇的神奇玩意儿，对这一现象的本质仍知之甚少。

直到17世纪，英国女王伊丽莎白一世的一名御医威廉·吉尔伯特对电和磁特别感兴趣，工作之余，他开始对电与磁的现象进行系统性研究，并撰写了第一本阐述电和磁的科学著作《论磁》。这是一本具有现代科学精神的书籍，着重于从实验结果论述。吉尔伯特指出，琥珀不是唯一可以经过摩擦产生静电的物质，钻石、蓝宝石、玻璃等也都可以演示出同样的电学性质，在这里，他成功地击破了琥珀的吸引力是其自身特性这一持续了2 000年的错误观点，将电学和磁学现象区分开来。

18世纪是电学领域的关键时期，有一位著名的政治家、科学家、外交官诞生了，他就是本杰明·富兰克林。我们曾经在小学语文课本上了解过他的风筝实验，他证明了雷电与电的本质有关，并引入了正负电荷的概念，为后来的电学理论奠定了基础。

到了19世纪，法国科学家安德烈·玛丽·安培提出了安培定律，我们使用的电流的国际单位就是以他的名字命名的。他将自己的研究总结在《电动力学现象的数学理论》一书中，该书成为电磁学史上一部重要的经典论著。麦克斯韦称赞安培的工作是"科学上最光辉的成就之一"，还把安培誉为"电学中的牛顿"。同时期，英国科学家迈克尔·法拉第发现了电磁感应现象，进而得到了产生交流电的方法。1821年，法拉第首次进行了一项实验：他将一根悬挂着的电线浸入放置了磁铁的水银池中，当电线通电时，电线开始绕着磁铁旋转。这项装置便是所有电动机的雏形。由于他在电磁学方面做出了伟大贡献，被称为"电学之父"和"交流电之父"。安培和法拉第所做的贡献为电气工程的后续发展奠定了基石。

19 世纪中期，著名英国科学家詹姆·克拉克·麦克斯韦综合整理了电磁学的知识，提出了著名的麦克斯韦方程组，系统描述了电场和磁场的相互关系。物理学史上认为牛顿经典力学打开了机械时代的大门，而麦克斯韦电磁学理论则为电气时代奠定了基石。麦克斯韦被普遍认为是对物理学最有影响力的物理学家之一。

20 世纪，随着发电机的发明和电力传输技术的改进，电力系统开始了建设。美国发明家托马斯·阿尔瓦·爱迪生和尼古拉·特斯拉等人的贡献推动了城市的电气化，改变了人们的生活方式。

1.1.2　现代电力系统的发展

说起电气类专业，就离不开电力系统。那么什么是电力系统？学电气又是研究什么的呢？

打个比方，电力系统就像是一座庞大的能源高速公路网络，主要包含发电、输电、变电、配电、用电、调度等环节。发电是通过各种能源转换设备将能源转化为电能；输电是将电能从发电厂输送到远处的负荷中心；变电是通过一定设备将电压由低等级转变为高等级（升压）或由高等级转变为低等级（降压），升压是为了远距离输电时减小损耗，降压是为了满足电力用户的安全需要；配电是将输电网的电能与用户相连并向用户分配电能；用电是指电能在各种负荷设备中的实际应用；调度是对整个电力系统进行实时监控和控制，确保系统的稳定运行。我们电气从业者就是这个庞大网络中各个环节的建设者和管理者，我们的职责就是确保电力网络的稳定运行。因此，现代电力系统的发展关系着电力的生产、传输和分配，是电气工程领域的一个关键方面。

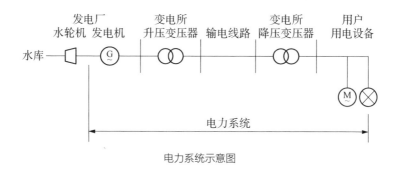

电力系统示意图

1. 直流电力系统

最早的电力系统采用直流传输。直流电力系统的发展经历了多个关键阶段，从早期的实验性系统发展到如今的现代高压直流输电技术。

前面提到科学家本杰明·富兰克林引入了正负电荷的概念，在此基础上定义方向不变的电流为直流电，方向随时间作周期性变化的电流为交流电。直流电的实验始于18世纪末，但其实际应用起步较晚。早期的实验主要集中在电池、导线和电荷的研究上，为直流电系统的建立提供了基础。

直流电系统的关键是发电机的发明。法拉第和其他科学家在 19 世纪中期开发了早期的直流发电机，这些发电机使用机械力转动导体来产生直流电。直流电力系统就是将发电机产生的直流电通过导线传输到用户端进行使用的。

爱迪生创立的爱迪生电灯公司于 1882 年在纽约建立了世界上第一个商业化直流发电厂，用于为纽约市提供电力，这就是早期的直流电力系统。他的发电机和输电系统标志着直流电的商业化运用，但面临着输电距离有限和能量损失较大的问题，电力系统的规模和覆盖范围受限。

2. 交流电力系统

19 世纪末，特斯拉在交流电的研究方面取得了重要突破，他设计了交流变压器，能够有效地改变电压水平，使电能得以在不同电压条件下传输。这项技术为交流电的广泛应用奠定了基础。

19 世纪末至 20 世纪初，交流电与直流电之间进行了一场激烈的竞争，被称为"电力战争"。在特斯拉和乔治·威斯汀豪等科学家的努力下，交流输电系统逐步完善，由于交流电能够通过变压器进行高效输电，并在远距离传输中更具优势，最终交流电胜出，成为主要的电力系统。特斯拉在取得直、交流电之争的胜利后，拥有了交流电的专利权，创造了一项杰出的世纪工程——世界上第一座装机容量达 3.7 万千瓦的尼亚加拉水力发电站。这是世界上第一个大规模的交流电发电厂，该发电厂利用瀑布的水能产生交流电，通过长距离输电线路将电能传输到布法罗市，标志着交流电力系统在大规模应用上的成功。

尼亚加拉水力发电站大坝（由 Busfahrer 摄制）

20 世纪初，交流电的应用逐渐普及到全球范围。电力系统的建设成为国家和城市基础设施的一部分，为工业、商业和家庭提供了可靠的电力供应。

交流电力系统的兴起是电力领域发展的一个重要标志，为电能的高效传输和广泛应用奠定了基础，这一技术的成功应用推动了电气工程的进步，并为社会的工业化和现代化提供了强大的动力。

3. 高压输电技术

在电能传输过程中，能量损失是一个重要的考虑因素，通过传统的低压输电系统，电能的损失会随着输电距离的增加而增大。因此，随着电力需求的增长，为了有效地将电能从发电站传输到远处的城市或工业区，研究人员开始探索提高输电电压的可能性。

高压输电线路通常采用大直径的导线和高架结构，如输电塔。这有助于降低电阻和电感的影响，提高线路的导电性能。另外，高架结构也能减小线路与地面的电容耦合，减少能量损失。

高压输电塔

高压输电有两种主要的技术，即直流输电（high voltage direct current，HVDC）和交流输电（high voltage alternating current，HVAC）。HVDC 技术通过将交流电转换为直流电，然后在传输过程中再次将其转换为交流电，实现了长距离高效传输。HVDC 系统适用于超长距离或跨越海底的电能传输。它可以减小输电线路的电阻和电感损失，提高输电效率。交流输电技术仍然是最常用的高压输电方式。在长距离的输电过程中，通过使用高压和超高压（如 500 千伏、800 千伏、1 000 千伏）的输电线路，可以降低电流的强度、减小电阻损失、提高电能的传输效率。

超高压输电是高压输电技术的最新发展，采用更高的电压水平，如 1 100 千伏以上，可以进一步减小电流，极大地降低电阻损失，使能量传输更加高效。超高压输电通常用于连接远距离的大型电网，以实现不同地区的电能交换。

此外，高压输电线路中存在电流损失和绝缘问题。电流损失可以通过增加电压和减小电流来减少；而对于绝缘问题，则需要使用绝缘材料和技术来确保输电线路的安全运行。

总体而言，高压输电技术通过提高输电线路电压水平，有效减小了电流，降低了电阻损耗，实现了远距离电能传输的高效性。这对于连接不同地区的电网、支持可再生能源的集中式发电以及满足大型城市和工业区的电力需求至关重要。

4. 自动化和数字技术

进入新世纪后，随着计算机技术的发展，电力系统逐渐引入自动化和数字化技术。数字化监控系统、远程操作和智能电网等技术使电力系统更加可靠、灵活，并具有更强的响应性。智能电网的概念则涉及实时监测、控制和优化电力系统的各个环节。

此外，随着对可持续能源的需求增加，现代电力系统逐渐整合了大量可再生能源，如太阳能和风能。这涉及电力系统的调度和储能技术的发展，以平衡可再生能源的间歇性特性。

现代电力系统的发展经历了从直流到交流、从传统输电到数字化、自动化的演变。这一过程使电力系统更加高效、可靠，并为未来可持续能源的大规模集成提供了技术支持。

1.1.3　电气学科的发展

电气学科是以电子学、电磁学等物理学分支为基础，涵盖电子计算机、电力工程、电子信息、控制工程、信号处理、机械电子等子领域的一门工程学。19 世纪后半期以来，随着电报、电话、电能在供应与使用方面的商业化，该学科逐渐发展为相对独立的专业领域。

电气学科广义上涵盖该领域的所有分支，但通常来说，"电气工程"一词侧重涉及大能量的电力系统（如电能传输、重型电机机械及电动机），而"电子工程"则是指处理小信号的电子系统（如计算机和集成电路）。另一种区分法为，电气工程着重于电能的传输，而电子工程则着重于利用电子信号进行信息的传输。这些子领域的范围有时也会重叠：例如，电力电子学使用电力电子器件对电能进行变换和控制；又如，通过收集电网的电能供应数据与一般家庭用户的电能使用状况，并据此调整家用电器的耗电量，以此达到节约能源、降低损耗、提高输电网络可靠性的目的。因此，电气工程亦涵盖电子工程部分领域的专业知识。

电气工程曾被笼统地归类为物理学的一个分支领域，直到1882年，德国的达姆施塔特工业大学设立世界上第一个电气工程教授席位。同年，麻省理工学院物理系开始推出电气工程方向的学士学位课程。1883年，达姆施塔特工业大学建立电机系，成为全世界最先创建电机系的大学。1885年，康奈尔大学成为美国最先建立电机系的大学。1885年，伦敦大学学院创立了英国首个"电机技术系"，几年后改名为电气工程系。1886年，密苏里大学也建立了电气工程系，据一些文献所述，密苏里大学是最先建立电气工程系的美国大学。很快，包括佐治亚理工学院在内的许多大学纷纷效仿，设立了电气工程系。

达姆施塔特工业大学　　　　　　麻省理工学院

在我国，1908年，邮传部上海高等实业学堂（上海交通大学、西安交通大学的前身）的校长唐文治先生创办了中国第一个电机科专业，学制3年，开了我国电气工程高等教育之先河。

1911 年第一届邮传部上海高等实业学堂电机科毕业生合影

　　1912 年，同济医工学堂（现同济大学）设立电机科；1920 年，公立工业专门学校（现浙江大学）设立电机科；1923 年，中央大学（现东南大学）设立电机工程系；1932 年，清华大学设立电机工程系，是清华大学最早成立的 3 个工科系之一；1933 年，北洋大学（现天津大学）设立电机工程系。1952 年后，我国进行大规模的院系调整，出现了一大批以工科为主的多科性大学，也出现了一批机电学院，这些学院基本上都设置了电机工程系或电力工程系。1977 年恢复高考后，大部分学校的"电机工程系"或"电力工程系"陆续更名为"电气工程系"，20 世纪 90 年代后，又陆续改称"电气工程学院"。1986 年，国务院批准"电力系统及其自动化"为博士学位授权学科。1989 年，清华大学率先将原电力系统自动化、高电压技术、电机 3 个专业合并为宽口径的"电气工程及其自动化"专业。

1998 年，教育部颁布了《普通高等学校本科专业目录（1998 年颁布）》，将电工类和电子与信息类合并为电气信息类，原来的 19 个专业合并为 7 个。其中，原电工类的电机电器及其控制、电力系统及其自动化、高电压与绝缘技术、电气技术专业合并为电气工程及其自动化专业，专业口径大大拓宽。2012 年，教育部颁布的《普通高等学校本科专业目录（2012 年）》中，原电气工程及其自动化专业和电气工程与自动化、电气信息工程、电力工程与管理、电气技术教育、电机电器智能化特设专业合并为电气工程及其自动化专业，属于工学门类的电气类专业。之后，随着科技的进步和经济社会发展的需求，电气类专业不断扩充，逐渐增设了智能电网信息工程、光源与照明、电气工程与智能控制等专业。截至 2024 年 3 月，教育部颁布的《普通高等学校本科专业目录（2024 年）》中，电气类专业已开设 10 个。

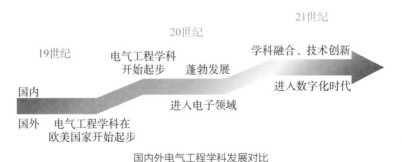

国内外电气工程学科发展对比

1.2 应用领域及成就

在探索电气学科应用领域及成就时，我们将深入了解其标志性成就、电气设备的发展以及学科交叉领域的重要性。通过这些领域的发展，我们能够更清晰地了解电气工程在不同领域中的影响力和价值。

1.2.1　电力系统的标志性成就

电力系统的发展历程中有一些标志性的成就，这些成就在不同时期对电力系统的进步和创新产生了深远的影响。

世界电力系统的标志性成就

1879 年，爱迪生成功建立了世界上第一个实用的中心供电系统，该系统采用直流电。这标志着电力系统从分布式的小型系统转向中心供电的大规模系统，为城市照明和电力驱动设备提供了可靠的电源。

1888 年，特斯拉的交流电系统成为现代电力系统的奠基石。他设计了交流发电机、变压器和输电系统，使电能能够高效地从发电站传输到远处的用户，推动了电力系统的发展。

20 世纪初，电力系统开始采用长距离高压输电技术，如美国的超高压直流输电线路和交流输电的发展，使电力能够更有效地传输到远距离，实现了不同地区的电力互联。

1954 年，世界第一座核电站奥布宁斯克核电站在苏联建成，成为人类安全利用原子能的成功典范，标志着人类核电时代的到来。

20 世纪中期，随着计算机技术的发展，电力系统逐渐引入自动化技术。数字化的监控系统和智能电网技术使电力系统能够更加灵活、高效地运行，并提高了对电力质量和安全性的管理水平。

21 世纪初至今，随着可再生能源（如太阳能和风能）的兴起，电力系统逐渐实现了对这些清洁能源的大规模集成。智能电网技术的应用使得电力系统能够更好地适应不断变化的可再生能源产生的电力波动。

近年来，超导材料的发展为电力系统带来了新的可能性。超导电缆和输电线路的应用有望减小电阻、提高传输效率，为电力系统的未来提供更先进的解决方案。这些标志性的电力系统成就代表了电力工程领域在不同时期的重大进步，推动了电力系统的可靠性、效率和可持续性的提升。

我国电力系统的标志性成就

1882 年 7 月 26 日晚上 7 点，上海外滩浦江饭店门外，15 盏弧光电灯被一同点亮，中国人民第一次看到了这种在夜里可以发出"奇异的白月光"的新鲜玩意，这是中国首次安装电灯的时刻。

早期的国人通过集资购买国外陈旧设备，试图在各地建设不同类型的发电厂。然而，由于当时技术水平滞后，电费昂贵，大多数电厂经营困难，很快就破产倒闭。截至 1936 年抗日战争全面爆发前，中国总共有 80 座电厂，发电容量达到 136 万千瓦时，但相对于全球而言，这规模相当有限，仅相当于美国一年的发电量的两三百分之一。这一时期是中国电力认识启蒙的阶段，缺乏自主技术和人才，中国只能通过外购设备、引进技术，再进行模仿学习，逐渐积累和掌握发电厂技术。

在日寇侵华时期，中国的电力工业进程几乎被拦腰折断。日本占领东北后，野蛮烧杀抢掠，夺取了中国几乎所有重要的发电企业。这导致中国在此期间失去了 94% 的发电量，对中国经济发展造成了巨大的打击。幸运的是，通过前几十年对发电技术的学习，中国积累了许多电力技术人才，为中国电力事业发展保留了关键火种。

1949 年中华人民共和国成立之际，全国发电设备容量达到 184 万千瓦，其中火电为 168 万千瓦，发电量为 43 亿千瓦时。当时，这一体量在全球范围内相对较小，不及美国的发电量的 1/68，甚至不及印度。中华人民共和国成立后，电力被视为国民经济支柱的重要工业。在人才和技术严重短缺的情况下，中国电力人以愚公移山、大禹治水的精神，逐渐构建了中国的电力设备制造体系和电力生产体系。

1953 年 7 月，我国自行设计的第一条 220 千伏松东李输电线路工程破土动工，1954 年 1 月 23 日正式竣工。从此，中国开始了 220 千伏电网的建设，而 220 千伏作为当时国际上高压输电线路实际应用中的最高等级，仅美国、苏联等少数几个国家具有独立设计、建设的能力。

1955 年 7 月 30 日，为了更加高效地对电力事业进行统筹、推进发展，中华人民共和国电力工业部成立。

1956 年，中国第一套 6 000 千瓦火电机组在安徽淮南电厂顺利投入运行，从此结束了我国不能制造火电设备的历史。

1960 年，中国第一座自己勘测、设计、施工和制造设备的，被誉为"长江三峡的试验田"的大型水电站——新安江水电站建成。

1972 年，我国自行设计、建设的第一条 330 千伏超高压输电线路刘家峡—天水—关中输电工程线路带电投运，首次实现了中国电网从 220 千伏到 330 千伏的升级跨越，是全国电力工业开始向超高压、远距离、大容量传输发展的里程碑，为我国日后超高压输变工程的发展奠定了坚实的基础。自此，我国迈出了"高压输电"第一步。

1985 年底，中国终于造出了具有先进技术的 300 兆瓦火力发电机组，很快又在次年底造出了 600 兆瓦的火电机组，中国电力行业开始真正掌握了自己的命运。

1990 年 10 月，由中南勘察设计院主要承担设计完成的葛洲坝至上海直流输电工程投入运行，作为我国第一条 ±500 千伏直流输电工程，拉开了我国超高压直流输电时代的序幕。

1991 年 12 月 15 日，我国自行设计、研制、安装的第一座核电站——秦山一期核电站并网发电，被誉为国之光荣，中国核电从这里起步。

2001 年，为解决东西电力供需错配问题，中国深入推进"西电东送"工程，正式开启 750 千伏输变电示范工程项目，经过 4 年努力，终于正式投产，成为当时世界上运营的最高电压等级项目。而且这项工程的 29 个子项目都是中国独立自主完成的，国产率超过 90%，并创造了世界最高绝缘水平。

秦山核电 30 万机组反应堆压力容器吊装成功

　　2003 年 7 月，三峡左岸电站首台机组投产，三峡工程开始发挥发电效益。2007 年 12 月，右岸电站 20 号机组投产，三峡工程投产总装机容量超过伊泰普水电站，跃居世界第一。2012 年 7 月 4 日，随着三峡地下电站 27 号机组移交投产，三峡电站工程建设全部完工。三峡工程的总装机容量为 2 250 万

三峡大坝全景

千瓦，排名世界第一，是中国电力系统的一项巨大工程，是世界最大的水电工程之一。它为电力系统提供了巨大的发电容量，改变了中国电力结构，同时在防洪、航运等方面也有重要的功能。

2009年和2010年，世界首条交流特高压输电工程——1000千伏晋东南—南阳—荆门特高压交流试验示范工程和首条直流特高压输电工程——±800千伏云南至广东特高压直流试验示范工程分别投入商业运行，标志着我国在特高压、远距离、大容量输变电核心技术和自主知识产权方面取得重大突破，显示我国特高压电网建设达到国际领先水平。自此，中国电网正式步入"特高压"时代，并开始领跑世界特高压电网建设运行。

2012年，中国能建规划设计集团作为主要完成单位完成的"特高压交流输电关键技术、成套设备及工程应用"获得国家科学技术进步奖特等奖；2017年，"特高压±800千伏直流输电工程"荣获国家科学技术进步奖特等奖。时隔5年，这两项科技大奖大幅提升了我国在国际电工领域的影响力和话语权，在世界电力技术领域实现了"中国创造"和"中国引领"。

随着"一带一路"走出去建设的实施，2019年10月，中国能建规划设计集团承担工程设计的我国首个在海外独立开展工程总承包的特高压直流输电项目——巴西美丽山水电±800千伏特高压直流送出二期项目正式投运，实现了特高压技术和核心装备双输出，标志着中国特高压技术、装备和工程总承包"走出去"再次取得重大突破。

2020 年 9 月，习近平总书记在第七十五届联合国大会一般性辩论上宣布，中国将提高国家自主贡献力度，采取更加有力的政策和措施，二氧化碳排放力争于 2030 年前达到峰值，努力争取 2060 年前实现碳中和。中国的这一庄严承诺，在全球引起巨大反响，赢得了国际社会的广泛积极评价。

大力发展新能源产业，是落实我国碳减排目标、构建双循环发展格局的有力支撑。以风电、光伏、储能为代表的新能源产业已成为世界能源版图中最为热门的竞争领域。当前，我国光伏风电产业实现了由"跟跑""并跑"向"领跑"的巨大跨越。截至 2023 年 6 月底，我国可再生能源装机突破 13 亿千瓦，历史性地超过了煤电。其中，风电装机 3.89 亿千瓦，连续 13 年位居全球第一；光伏发电装机 4.7 亿千瓦，连续 8 年位居全球第一。此外，中国电力市场需求进一步增大，非化石能源发电装机量的容量和比例不断增加，给储能的市场扩容带来更多发展空间。截至 2023 年底，全国已建成投运新型储能项目累计装机规模达 3139 万千瓦/16687 万千瓦时，平均储能时长 2.1 小时。2023 年新增装机规模约 2260 万千瓦/4870 万千瓦时，较 2022 年底增长超过 260%，近 10 倍于"十三五"末装机规模。从装机技术占比来看，截至 2023 年底，已投运锂离子电池储能占比 97.4%，仍占绝对主导地位，铅炭电池储能占比 0.5%，压缩空气储能占比 0.5%，液流电池储能占比 0.4%，其他新型储能技术占比 1.2%，总体呈现多元化发展态势。

2022 年 12 月 20 日，世界技术难度最大、单机容量最大、装机规模第二大水电站——白鹤滩水电站最后一台机组顺利完成 72 小时试运行，正式投产发电。至此，白鹤滩水电站 16 台百万千瓦水轮发电机组全部投产发电，这标志着我国在长江上建成了世界最大"清洁能源走廊"。白鹤滩水电站坝址位于四川省宁南县和云南省巧家县境内的金沙江干流下游河段上。白鹤滩水电站工程规模巨大，地质条件复杂，工程建设创造了百万千瓦水轮发电机单机容量、300 米级高拱坝抗震设防指标、地下洞室群规模等六项世界第一。工程全部采用国产的全球单机容量最大的百万千瓦级水轮发电机组，实现了我国高端装备制造重大突破。白鹤滩水电站的投产运营对我国能源结构调整、长江经济带建设、区域经济协调发展等有重大意义。

1.2.2 电气设备的发展

世界电气设备的发展

19 世纪末，爱迪生成功商业化了第一只长寿命电灯泡，这是电气设备领域的重要突破，带来了可靠的室内照明。

法拉第的圆盘发电机和特斯拉的交流发电机在 19 世纪初期至中期推动了电机和发电机的发展，为电力系统的建设打下了基础。特斯拉的交流电系统在 1888 年取得成功，成为电力输送的标准，推动了电气设备的大规模应用。

世界上第一台变压器是由法拉第发明的"电感环",也称为"法拉第感应线圈",这是变压器的雏形。但我们通常所说的第一台变压器指的是 1885 年西屋公司的工程师威廉·史坦雷在获得了乔治·威斯汀豪斯、路森·戈拉尔与约翰·狄克逊·吉布斯的变压器专利后,制造出的第一台实用变压器。这种变压器的铁心最初是用 E 形铁片叠合而成的,并在 1886 年开始商业运用。变压器的发明为电力传输提供了高效手段,使电力能够更远距离传输,促进了电气设备的全球化。

电力电子器件的发展可以追溯到 20 世纪初,从机械继电器、电真空管,到晶体管、硅元件,再到碳化硅(SiC)和氮化镓(GaN)等宽禁带半导体,电力电子器件经历了半导体时代的演变。发展趋势包括绝缘栅双极晶体管(insulated gate bipolar transistor,IGBT)模块的集成、数字技术的应用,推动电力系统效率、可靠性和智能化的提升。电力电子器件的不断创新和发展使得电力系统在效率、可靠性和精度控制等方面取得显著进步,也为电能的高效利用和电力系统的智能化提供了强大支持。

20 世纪中期以后,随着计算机技术的不断进步,电气设备逐渐数字化。计算机在控制系统、通信和数据处理等方面的应用改变了电气设备的面貌。

进入 21 世纪,可再生能源技术(如太阳能和风能)迅速发展,新型电气设备(如光伏电池和风力发电机)广泛应用,推动了能源产业的绿色转型。

我国电气设备的发展

20 世纪初，中国电力产业刚刚起步，国内最早的电力设备主要依赖进口电机和发电机。

20 世纪 50 年代到 80 年代，中华人民共和国成立初期，电力系统建设步履维艰，依靠国际援助，建立了一些关键电厂和输电线路。1956 年，我国制造的第一台汽轮发电机投入运行，这台发电机是捷克斯洛伐克斯柯达公司的专家来上海帮助建造的。后来遇到了国际技术封锁，中国加大了电气设备自主研发力度，实现了电机、变压器等设备的国产化。

毕业于交通大学电机工程系的汪耕于 1958 年组织并参加制定了世界第一台 12 兆瓦双水内冷汽轮发电机的设计方案和各关键部件的研制，安装在上海南市电厂。之后 20 多年中，他长期主持 50 兆瓦、125 兆瓦、300 兆瓦双水内冷汽轮发电机的创制和完善设计工作。为此，在上海电机厂成立六十周年之际，江泽民同志亲笔题词：解放思想，发扬双水内冷电机的首创精神。至 1998 年底，中国已制造了 450 台 50～300 兆瓦、总容量共约 45 000 兆瓦的双水内冷汽轮发电机，并在电站中投入运行。双水内冷汽轮发电机于 1964 年获国家发明一等奖，1978 年获全国科学大会奖。这项技术铺开了我国自制大型发电机的坦途，推动了国民经济的发展，在当时远超国际水平，辉煌的背后凝聚着电气师生夜以继日的辛劳与攻关。

毕业于上海交通大学电机系高电压专业的陈亚珠院士，作为我国民族医疗器械创新研究和产业转化的领军人物，是跨学科"医工交叉"的先行者。20 世纪 80 年代，她是我国研发液电式肾结石体外粉碎机的重要贡献人，该项目是上海交通大学电气工程系（时为电力学院）获得的首个国家科技进步奖一等奖。迄今为止，该仪器让数百万患者摆脱了开刀的痛苦。20世纪 90 年代后期，她瞄准国际前沿，创新性地提出"新一代多模式相控聚焦超声技术"，带领团队相继研发出磁波刀和超波刀，为我国重大疾病物理治疗技术、设备研制和临床实施做出了卓越贡献。

上海交通大学的尹毅教授团队多年来长期从事绝缘材料的空间电荷检测技术与应用研究，空间电荷检测水平从电缆绝缘切片、模型电缆至全尺寸电缆逐年提高。该团队与宁波球冠电缆股份有限公司联合完成了国家 863 计划——"超高压直流电缆用聚合物基纳米复合绝缘料及电缆和附件的研制"，与中天科技海缆股份有限公司联合成功研制了世界最大输送容量、我国第一根 ±525 千伏交联聚乙烯绝缘柔性直流电缆系统，这一突破性创新标志着中国超高压直流电缆技术与欧洲、日本等发达国家（地区）处于同一先进水平。在上述研究基础上，团队参与起草制定了国标《额定电压 500 kV 及以下直流输电用挤包绝缘电力电缆系统 第 1 部分：试验方法和要求》（GB/T 31489.1-2015）和中华人民共和国机械行业标准《固体绝缘材料中空间电荷分布的电声脉冲测试方法》（JB T 12927-2016），研究成果有力地推动了我国超高压直流电缆的研究和制造。

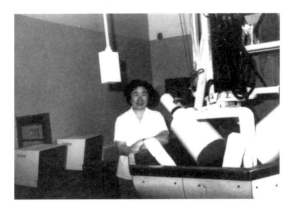

1985 年，陈亚珠院士在肾结石体外碎石第一台样机旁

大容量储能是构建以可再生能源为主体的新型电力系统的要素，新能源的快速发展急需超大容量的新型储能装备支撑。常规低压电池储能系统单机容量最大为 0.5～0.63 兆瓦，构建大型储能电站需要数十台到数百台单机，需采用复杂的电力汇集升压和信息系统集成，这使得储能电站效率低、响应慢、弱电网稳定运行能力差。

针对上述问题，上海交通大学蔡旭教授团队发明了一种模块化高压直挂储能功率变换与并网的拓扑结构，对海量电芯进行安全分割接入；提出了电池簇状态均衡、控制与故障隔离保护技术，实现对海量电芯的安全管理、并网控制与保护；提出了针对超大功率储能装备的工况模拟测试技术，攻克了高压大容量储能装备的测试难题。研发出可直接接入 35 千伏、单机容量为 10～100 兆瓦的系列储能装备。高压大容量储能技术应用前景广阔，该技术先后授权智光电气、金盘科技、宁德时代和南瑞科技等 6 家上市公司进行产业化，初步开创了高压储能新产业。

进入 21 世纪，中国电力系统开始智能化建设，引入了大量可再生能源设备，如风力发电和光伏电站，加速了电气设备的升级与发展。

35kV 单机容量 12.5 兆瓦的高压电池储能装备

1.2.3　学科交叉领域

现代社会面临的挑战往往是多层次、多领域的，复杂的问题通常跨越多个学科领域，而学科交叉能够提供更全面、综合的解决方案。通过不同学科的融合，可以更好地理解问题的多个方面，并制定更全面的解决策略。电气学科的交叉领域涵盖广泛，其中主要领域包括电子信息、自动化、计算机、能源动力、材料、机械、生物医学工程、安全科学与工程等。

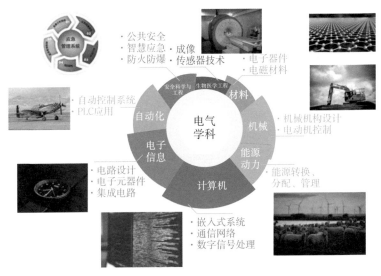

电气学科的交叉学科示意图

1. 电气学科与电类学科交叉

电子信息

电气与电子信息交叉领域涉及电力系统、电子器件、通信工程等方面的融合与创新。近年来，随着智能化、数字化和互联网化的发展趋势，这两个领域的交叉融合愈发密切。在智能电网技术领域，智能电网利用先进的电子技术和通信技术实现了电力系统的智能化监控、管理和调度，促进了电力系统的安全、高效运行。两者的交叉在电动汽车充电技术方面也取得了显著进展。电动汽车的发展离不开电气工程的电动机、电池管理系统等技术，而充电技术则涉及电子工程的功率电子器件、充电控制系统等方面。在智能家居与物联网技术领域，智能家居利用电气工程的电器设备和电力系统，结合电子工程的传感器、控制器等技术，实现了家居设备的智能化控制和管理。在医疗健康领域，电气与电子信息的交叉融合推动了可穿戴设备和健康监测技术的发展。这些设备利用电子工程的传感器、信号处理技术，结合电气工程的电力供应和电路设计，实现了人体健康数据的实时监测和分析。

自动化

电气与自动化的交叉领域呈现出了日益密切的融合趋势，这种融合不仅在理论研究上有所体现，更在实际应用中展现出了显著的成果。在电力系统优化方面，电气与自动化的结合推动了智能电网技术的飞速发展。借助自动化控制算法和电力系统模型，我们实现了对电力系统的实时监测和智能调度，从而提升了电力系统的稳定性、可靠性以及经济性。同时，工业自动化领域也受益于这种交叉融合，电气与自动化的结合使得工厂生产过程更加智能化和高效化。自动化控制系统的优化设计与电气设备的智能化管理相辅相成，有效提高了生产效率和产品质量。在交通运输领域，电气与自动化的协同作用推动了交通系统的智能化发展。利用电气工程的信号设备和自动化控制算法，我们实现了交通信号的智能优化和调度，从而降低了交通拥堵和事故风险。

计算机

电气与计算机的交叉融合已经成为当今科技领域的重要趋势。智能电网是一个典型的例子，利用智能算法和大数据分析，我们能够实时监测电网状态，预测负载变化，从而提高电网运行的效率和稳定性。此外，在嵌入式系统领域，嵌入式系统通过将硬件设计和软件编程相结合，实现了在各种设备和系统中的智能控制和数据处理，为物联网和智能设备的发展提供了重要支持。另外，智能控制与自动化领域也受益于这种交叉融合。借助深度学习和人工智能技术，我们能够实现复杂系统的智能化控制和优化，提高生产效率和产品质量。

2. 电气学科与非电类学科交叉

能源动力

在可再生能源领域，电气与能源动力的结合促进了风能和太阳能等可再生能源的广泛应用和智能化管理。通过电气工程的发电设备和能量转换技术，以及能源与动力工程的资源评估和系统优化技术，可实现可再生能源的高效利用和稳定输出。在智能电网领域，电气与能源动力的交叉应用也取得了重大进展。利用电气工程的智能电网技术和能源管理系统，实现了电力系统的智能监控、优化调度和分布式能源接入，为电网的安全稳定运行提供了重要支持。此外，在能源系统优化领域，电气与能源动力的结合促进了能源系统的智能化设计和管理。通过电气工程的电力系统仿真与优化技术和能源与动力工程的能源系统分析与优化技术，实现了能源系统的高效运行和供需平衡，不断为能源转型和可持续发展注入新的动力。

材料

在可再生能源方面，材料学科的发展推动了新材料的研究和应用，如太阳能电池板的材料、风力发电机的叶片材料等，这些材料的优化设计和性能提升有助于提高可再生能源设备的效率和稳定性。同时，电气工程在这些设备的设计和控制方面发挥着关键作用，通过电气工程的技术手段，可实现这些新材料的有效利用。在能源储存方面，电池技术作为能源储存的重要手段，材料学科的进步推动了电池材料的研发，从而提高了电池的能量密度、循环寿命和安全性；而电气学科则负责电池系统的设计、控制和管理，以确保电池系统的高效运行和安全使用。此外，在能源传输和分配方面，电力输配系统中高温超导材料的应用可以大大减少能量损耗，提高电力输送效率，而电气学科则负责超导系统的设计、控制和运行，确保其在电力系统中的有效应用。

机械

电气与机械的融合为工程领域带来了深远的影响。在智能制造领域，两者的结合推动了智能化生产设备的研发，创造了能够自主控制和优化运行的制造系统。机器人技术也因此得以迅速发展，结合了电气工程的感知技术和机械工程的精准操作，实现了各种应用场景下的自动化和智能化。另外，电气工程与机械工程的合作还涵盖了电动机驱动的机械系统，包括电动汽车、电动飞行器等，以推动清洁能源在交通和航空领域的应用。

生物医学工程

在医学影像方面，电气工程与生物医学工程的交叉应用推动了医学影像设备的创新发展，如计算机断层成像（computerized tomography，CT）、磁共振成像（magnetic resonance imaging，MRI）等成像技术的不断提升，为医生提供了更准确、全面的诊断信息。生物信号处理方面，电气工程的信号处理技术与生物医学工程的生物信号学理论结合，使得心电图、脑电图等生物信号的分析和诊断更为精准。此外，生物医学工程借鉴了电气工程的传感器技术和医疗仪器设计理念，开发了各种生物医学传感器和医疗设备，如心脏起搏器、人工假肢等，为医疗技术的不断创新和人类健康的改善提供了有力支撑。

安全科学与工程

电气与安全科学与工程学科存在交叉应用的情况，尤其是在工业、建筑和能源领域。在电气设备安全性方面，电气学科涉及设计、制造和运行各种电气设备和系统，而安全科学与工程学科则关注评估和确保这些设备的安全性。因此，两者密切相关，安全工程师需要对电气设备的安全性能进行评估和管理，以预防潜在的电气危险和事故。此外，安全科学与工程学科涉及了解、解释和实施安全标准和法规，而电气学科需要确保设计、制造和操作的电气设备符合这些标准和法规。因此，两者之间的交叉点在于确保电气系统的设计、安装和运行符合相关的安全标准和法规要求。

总体来说，学科交叉融合已成为不可避免的趋势。电气工程与材料、生物医学工程等学科的合作促进了技术创新与应用，同时，跨界合作带来的新思路与方法，为解决复杂问题提供了丰富的资源与可能。

1.3　未来机遇与挑战

1.3.1　理论问题

深入研究与电气学科发展相关的理论问题至关重要，它不仅推动了技术的不断创新，优化了电气系统的性能，以更好地适应未来的技术和社会变革，同时也为电气类专业培养出高水平的专业人才提供了有力支持，为可持续发展和创新夯实了基础、指引了方向。

其一是电气系统的稳定性和可靠性问题，包括电力系统稳定性分析与控制、电气设备的可靠性评估等，如何有效地预测和维护电力系统的稳定性，以确保电力供应的可靠性和稳定性是一个重要的研究方向。其二，如何建立准确的电力系统仿真模型，以评估不同电力系统配置和运行策略对系统性能的影响，是一个重要的研究方向。其三，如何利用先进的优化算法和方法，对电力系统进行优化调度和规划，以提高能源利用效率和降低能源消耗成本？如何设计和管理电力市场机制，促进电力资源的有效配置和利用，同时确保市场公平和竞争？这些理论问题是电气工程学科发展中需要不断探索和解决的重要课题，涉及电气各个领域的基础理论与应用方法，对推动电气领域的进步和创新具有重要意义。

1.3.2　工程技术难题

理论的发展为解决具体问题提供了指导。同样，攻克电气工程发展中的工程技术难题对于推动领域理论创新和可持续发展也至关重要，不仅能够帮助我们解决实际工程中面临的挑战，还能促进新技术的涌现和实际应用，推动电力系统朝着更高效、智能和环保的方向发展。通过深刻理解和解决工程技术难题，电气工程能够更好地适应快速变化的社会和技术环境，确保电力系统的可靠性、可维护性和可持续性。

可再生能源集成

电气工程在发展过程中遇到了一系列典型工程技术难题，其中一个例子是可再生能源集成。可再生能源的特点之一是间歇性和不确定性，即其产能会受到天气、季节等因素的影响。如何处理这种间歇性和不确定性，确保电力系统能够在任何时刻都满足需求，是可再生能源集成的首要问题。智能电网技术是实现可再生能源集成的关键。通过智能电网，系统可以实时监测、控制和调度电能的分布和使用情况，以优化能源利用，平衡供需，降低系统的波动性。有效的储能技术对于解决可再生能源的间歇性非常重要。电池技术、压缩空气储能等储能方案可以存储多余的可再生能源，并在需要时释放，以确保电力系统的平稳运行。为了更好地应对可再生能源的波动，需要先进的调度算法。这些算法基于实时数据和预测模型，能够准确预测未来能源产能，从而更好地调整电力系统的运行。

此外，可再生能源在地理上分布不均匀，需要考虑如何在不同地区进行有效的能源收集和集成。跨地区的电力输送和分布是解决地理差异性的一种关键思路。制定合适的法规和政策，鼓励可再生能源发电，提供激励措施以推动新技术的发展，建立可再生能源的市场机制等也是必要的。

实现可再生能源集成需要多方面的技术和制度创新，以建立一个灵活、高效且可持续的电力系统。电气领域的专业人才正致力于应对这些挑战，推动电力系统向更加绿色和更加可持续的未来发展。

电能存储技术

电气工程的典型工程技术难题的另一个例子是电能存储技术的发展。电能存储技术是电气领域的关键领域之一，旨在解决电力系统中不同时间段的供需不平衡问题，这些技术有助于储存过剩的电能，以便在需要时释放，缓解能源波动，提高电力系统的灵活性和稳定性。而电能存储技术在电气工程的发展中涉及多个技术难题，其中一项重要的挑战是提高储能系统的效率、降低成本和增加可持续性。

电能存储系统的循环效率和寿命直接影响其经济性和可持续性。在充电和放电循环中，能量转化的损失和材料的衰减会导致系统性能下降。改善电池和储能系统的循环效率、延长其寿命是当前研究的重点。

降低电能存储系统的成本是一个重要问题，解决该问题可以促进其更广泛地应用。此外，材料的可持续性也需要考虑，尽量减少对有限资源的依赖，推动环保和可持续的能源存储解决方案。

储能系统需要具备高度的安全性和可靠性，以防止火灾、爆炸等意外事件，确保系统在各种工作条件下稳定运行。研究人员正在致力于设计更安全、可靠的电能存储系统，包括改进电池管理系统和防护措施。

发现和开发新型储能材料是提升电能存储性能的关键。例如，寻找具有更高比能量、更长循环寿命和更低成本的材料，以替代传统的锂离子电池材料。

在实际应用中，电能存储系统需要与电力系统集成，以实现最佳效果。这涉及系统设计、控制算法和与其他能源设备的协同运行。确保储能系统与电力系统协同工作，以应对电网需求和供给的变化，是一个复杂的工程问题。

解决这些技术难题需要跨学科的研究和创新，涉及材料、电化学、控制工程等多个领域。电气工程专业的研究者和工程师正不断努力应对这些挑战，推动电能存储技术的发展，以实现更高效、可持续的能源存储和利用。

第 2 章

专业面面观

2.1　初识电气类专业

"你学啥专业?"

"电气工程及其自动化。"

"能帮我修一下电器不?"

一提起电气工程及其自动化,大家总会有这样的疑问:"会焊电路板吧?""会修家电吧?"电气专业的学生很容易被人们称为"电工",被亲戚认作烧电焊的,甚至认为是爬电线杆的。那么,电气工程及其自动化专业究竟是做什么的呢? 接下来就带你一探究竟!

2.1.1　专业介绍

电气工程及其自动化(以下简称电气工程)专业是普通高等学校本科专业,为电气类基本专业,基本修业年限为四年,授予工学学士学位。该专业是强电(电为能量载体)与弱电(电为信息载体)相结合的专业,要求掌握电机学、电力电子技术、电力系统基础、高电压技术、供配电与用电技术等知识领域的核心内容，培养具有工程技术基础知识和相应的电气工程专业知识、解决电气工程技术分析与控制问题基本能力的宽口径、复合型高级工程技术人才。本专业毕业生可在高等院校、科研院所、公司及企事业单位从事电气工程及其自动化方面的教学、科研、工程设计、科技开发、管理和经贸等工作。

《普通高等学校本科专业目录（2024 年）》中，电气类专业（0806）划分在学科门类工学（08）下，包含 1 个基本专业和 9 个特设专业，电气工程及其自动化专业即为电气类专业的基本专业，如表 2-1 所示。

表 2-1　《普通高等学校本科专业目录（2024 年）》中的电气类专业

专业代码	专业名称	学位授予门类	修业年限	增设年度
080601	电气工程及其自动化	工学	四年	
080602T	智能电网信息工程			
080603T	光源与照明			
080604T	电气工程与智能控制			
080605T	电机电器智能化			2016
080606T	电缆工程			2016
080607T	能源互联网工程			2020
080608TK	智慧能源工程			2021
080609T	电动载运工程			2022
080610TK	大功率半导体科学与工程			2023

注：特设专业是满足经济社会发展特殊需求所设置的专业，在专业代码后加"T"表示。专业目录中涉及国家安全、特殊行业等专业由国家控制布点，称为国家控制布点专业，在专业代码后加"K"表示。

但很多高校所开设的专业并非与目录一一对应，比如，希望进入清华大学电气类专业学习的同学，可以在高考时报考能源互联网国际班，也可以报考能源与电气大类，该大类包括电气工程及其自动化、能源与动力工程、建筑环境与能源应用 3 个专业方向，大一结束前再通过双向选择确定电气工程及其自动化专业；希望进入上海交通大学电气类专业学习的同学，须在高考时报考工科试验班（信息类），大一时通过专业分流进入电气工程及其自动化专业。

在选择专业的过程中，会遇到很多与电气工程相似的专业，不容易区分，比如，0805 能源动力类、0807 电子信息类、0808 自动化类。

注意，能源专业下面的部分方向（如电网和储能等方向）与电气类专业重合，很多学校的电气类专业招生时就属于"能源大类"，但传统的能源动力类指代的是热能系，研究流体、热物理等。

自动化类和电子信息类专业与电气类专业都属于电类专业，学习的课程有重叠，但研究领域不同，其中，自动化专业侧重控制理论。

那么，电子工程与电气工程专业的区别在哪里呢？

电子工程（electronic engineering）：通俗意义来说，其研究的是弱电，探索如何用电传输信息（信号的传输）。

电气工程（electrical engineering）：通俗意义来说，其研究的是强电，探索如何用电传输能量（能量的传输）。

在电气工程领域，我们认为 10 千伏以下的电压都是低压，因为输电线路一般都使用 10 千伏以上的高压以减少损耗；而在电子领域，常用的电压是 3.3 伏、5 伏和 12 伏。在尺度方面，电气工程研究的往往是跨地区的输电工程，而电子工程研究的往往是芯片或电路板尺度的信号问题。

简而言之，电气工程就是以电能、电气设备和电气技术为手段来创造、维持与改善限定空间和环境的一门科学，涵盖电能的转换、利用和研究三个方面。小到开关、手机，大到航天飞机、宇宙飞船，都离不开电。电是怎么来的？人类如何能够顺利、安全地使用电能？如何通过发电、变电、输电、配电，把电能送入千家万户？……这些都是电气工程及其自动化专业主要研究和解决的问题。

本科毕业后的电气工程及其自动化专业的学生如需继续深造，研究生阶段可在一级学科电气工程（080800）之下，选择一个二级学科进行报考。2024 年，中国学位与研究生教育学会官网公布了最新《研究生教育学科专业简介及其学位基本要求（试行版）》，原电气工程的五大二级学科（080801 电机与电器、080802 电力系统及其自动化、080803 高电压与绝缘技术、080804 电力电子与电力传动、080805 电工理论与新技术）调整为十大二级学科，具体如表 2 - 2 所示。

表 2-2　最新电气工程十大二级学科

专业代码	专业名称
080801	电工理论与新技术
080802	电工材料与电介质
080803	电机系统及其控制
080804	智能电器与电工装备
080805	电力系统及其自动化
080806	电力信息技术
080807	高电压与绝缘技术
080808	电力电子与电能变换
080809	新能源发电与电能存储
080810	生物电磁技术

● 电工理论与新技术：它是电气工程学科的基础理论与前沿交叉，综合运用不同学科的理论与技术新成就持续创新和发展电气工程学科，主要研究电路与电网络理论、电磁场理论及计算方法、物质的电磁特性及其与外部电磁场的相互作用、电磁能量转换的原理与技术、电磁探测的原理与技术、电磁场的多物理场耦合计算与仿真、电磁环境与电磁兼容等。

● 电工材料与电介质：它是电力、电子与能源装备制造业的基础和关键技术，主要研究电工材料与电介质物理和化学基础理论、电工材料与电介质制备理论与技术、电工材料与电介质工程应用理论与技术。

● 电机系统及其控制：它主要研究电机及其他电磁与机电装置中的机电能量转换原理，以及机电转换系统设计、制造、运行与控制、集成与优化规律。

● 智能电器与电工装备：智能电器包括高低压电器元件和设备，其功能是实现电或非电对象的切换、控制、保护、检测和变换；电工装备主要是指实现电能发、输、变、配的一次和二次设备总和。它主要研究电器与电工装备的设计、制造、运行过程中的相关理论与技术，涉及材料、结构、工艺、服役和环境等。

● 电力系统及其自动化：它主要研究电力系统和以电力为中心的综合能源系统中电能的产生、存储、变换、输送、分配、控制和利用的理论，以及电力系统和综合能源系统的规划设计、特性分析、运行管理、控制保护等理论和技术，为用户提供安全、优质、经济、环保的电力。

● 电力信息技术：它是电气工程与信息技术融合交叉的学科，利用信息技术解决能源电力行业工程实际问题，主要研究电气工程领域中信息技术的基础理论和应用技术，包括各种信息技术在电力行业制造、设计、分析、运行、控制、维护及管理等方面应用的理论及方法。

● 高电压与绝缘技术：它是揭示高电压强电场与绝缘介质相互作用机制，解决高电压与绝缘的相互依存与矛盾的学科，主要研究放电理论、试验方法、测试技术、绝缘结构、电力系统过电压及其防护，以及在交叉学科领域中应用。

● 电力电子与电能变换：它是采用电力电子器件和无源元件构成电路对电磁能量形式和参数进行变换和调控，以实现电能高效使用的学科。它以功率半导体器件为基础，电磁能变换电路为核心，脉冲调节控制为关键，综合电气、电子和控制技术形成了特有的理论和方法；主要研究电力电子器件设计、制造和测试，电力电子电路拓扑、建模与控制，电力电子系统装置及应用等。

● 新能源发电与电能存储：它是面向能源转型的一门新兴交叉学科，解决风能和太阳能等可再生能源的安全、经济、高效发电问题，主要涉及新能源发电与电能存储的原理、控制与测试技术，以及新能源发电与储能在能源电力行业中的应用。它主要研究风力发电、太阳能发电、储能技术与系统、新能源资源、新能源与储能规划及运行、其他新型能源发电的理论及方法。

● 生物电磁技术：它是电气科学、生命科学、医学和信息科学等的交叉学科，运用电工学科的原理和方法研究生命体活动自身产生的电磁现象、特征及规律，外加电磁场和其他物理场对生物体作用效应与机制，以及医疗仪器、生命科学仪器中的电气科学基础问题。它主要研究生物电磁效应及机制、生物电磁特性与电磁信息检测技术、生物电磁干预技术以及生物医学中的电工新技术等。

2.1.2 主要开设院校

上文提到，电气类专业在本科专业目录里共有 1 个基本专业和 9 个特设专业，在这 10 个专业中，电气工程及其自动化是全国院校中开设最多，也是招收人数最多的专业，其他专业只有部分学校开设，下面将逐一进行介绍。

● 电气工程及其自动化

此专业是强电（电为能量载体）与弱电（电为信息载体）相结合的专业，要求掌握电机学、电力电子技术、电力系统基础、高电压技术、供配电与用电技术等知识领域的核心内容，培养具有工程技术基础知识和相应的电气工程专业知识，具有解决电气工程技术分析与控制问题基本能力的高级工程技术人才。此专业的学生毕业后很大一部分进入国家电网公司、发电集团、电力研究院所等单位，如果毕业后想进入国家电网工作，毫无疑问可以直接选择这个专业。

此方向的优势高校：清华大学、华中科技大学、西安交通大学、上海交通大学、哈尔滨工业大学、浙江大学、华北电力大学、重庆大学、武汉大学、山东大学、东南大学、四川大学、西南交通大学、华南理工大学等。

● 智能电网信息工程

此专业创建于 2010 年，是依据国家发展战略性新兴产业，紧密结合国家智能电网建设之急需而开设的一个新兴交叉学科专业。

这个专业可以分成两类，即电网与信息。一部分院校以电网为基础，注重电网的智能化信息化，代表学校有东北电力大学等几个原电力部直属院校；而另一部分则是基于通信工程、面向电网的交叉专业，其通信是绝对强项，代表学校有以电子科技大学为首的电子、通信类院校。

此专业目前的就业更偏向强电（国家电网、发电集团），就业方向广，也可以去偏通信方面的企业（如华为等）。

开设此专业的高校：东北电力大学、电子科技大学、辽宁工程技术大学、东北石油大学、济南大学、郑州轻工业大学、广东技术师范大学、重庆邮电大学、厦门理工学院、南京理工大学、昆明理工大学、南京邮电大学、西安理工大学、南京工程学院、长春工程学院、杭州电子科技大学、许昌学院、三峡大学、河南工学院等。

● 光源与照明

这是一个新兴专业，主要针对半导体照明技术进行学习与研究，这个专业需要学习基础的电气专业知识，同时也要学习材料学、光学、微电子学等专业的知识，可看作电气与光学的交叉专业。2010 年 9 月，天津工业大学开设了国内首个光源与照明专业。

此专业学习光源与照明技术领域的基本理论、基本知识和相关信息电子实验技术、计算机技术等方面的知识，毕业后能从事半导体照明材料与器件制造、半导体照明、集成电路设计与制造，以及相关微、光电子产品的研发、设计、制造、工程应用和性能测试等工作。

此专业毕业生可前往国家机关、电信、科研机构等事业单位，从事 LED 芯片制造与封装、集成电路设计及制造、开关电源与智能控制等工作，也可以前往照明企业（如 PHILIPS、

GE 等）。

● 电气工程与智能控制

此专业是介于电气工程与自动化之间，电气、电子信息与控制相结合的宽口径专业，偏重于控制。此专业的学生需要掌握数学、计算机、机械设计等基础知识，同时，设备信息管理系统、智能化控制系统也是必修课。

此专业就业方向多为生产和管理的自动控制、电气设备的系统控制和运行维护等，主要就业企业为西门子、ABB 等电力和自动化企业。

开设此专业的高校：中北大学、黑龙江科技大学、苏州大学、安徽理工大学、西安理工大学、沈阳工程学院、天津理工大学、辽宁工程技术大学、上海海事大学、南通大学、山东科技大学、南京工程学院等。

● 电机电器智能化

此专业较为特殊，全国开设此专业的高校只有一所——上海电机学院。

顾名思义，此专业主要学习的是电机电器及其智能化操作，主要面向装备制造业的电机设计、制造、控制等工作。

此专业不仅要掌握基本的机械设计、电机电器制造的知识，也要掌握计算机控制、信息技术等知识。

此专业的就业方向分为电机设计和电机控制两个方向，毕业后主要在电气设备企业进行电机的设计与控制方面的工作，如中车、西门子、格力或者新能源汽车及其供应商等。

● 电缆工程

全国范围内开设此专业的本科院校只有一所——河南工学院。

此专业的目标是培养光纤光缆和电线电缆材料研究、产品设计、生产制造、质量控制、企业管理等方面的高素质应用型人才，因此本科阶段不仅需要学习电气专业知识，还要学习电介质物理、电气绝缘结构原理与设计等与材料学接近的知识。

● 能源互联网工程

能源互联网是以互联网技术为核心，以配电网为基础，以大规模可再生能源和分布式电源接入为主，实现信息技术与能源基础设施融合，通过能源管理系统对大规模可再生能源和分布式能源基础设施实施广域优化协调控制，实现冷、热、气、水、电等多种能源优化互补，提高用能效率的智能能源管控系统。能源互联网连接范围很广，包括发电领域的传统发电、光伏发电、风力发电、水力发电等，输配电领域的智能电网、微电网、输配电设备，智能储能领域、智能用电领域的智能建筑、电动车、智能家居、工业节能，能源交易领域的电力交易、碳排放交易，能源管理领域的节能服务和合同能源管理行业等。

此专业为 2021 年新增专业，目前，上海电力大学等高校已增设这个专业。

● 智慧能源工程

此专业为 2021 年新增专业，上海交通大学为第一所获批开设此专业的大学，依托上海交通大学国家电投智慧能源创新学院产教融合平台，以"双碳"背景下能源行业人才需求为导向，聚焦国家能源产业发展和技术需求，采用产教融合、学科交叉的培养模式，以能源类和信息类课程为主线，在电气工程、动力工程、控制科学与工程、计算机科学与技术、材料科学与工程、化学等领域进行多学科交叉，旨在培养具有扎实的数理化基础，将信息化技术与电气工程、能源系统融会贯通，适应我国未来能源行业发展急需的复合型、创新型、实践型人才，为我国"双碳"目标提供有力的人才支撑。

● 电动载运工程

此专业于 2022 年列入普通高等学校本科专业目录，目前开设此专业的院校是东南大学。

此专业是面向"双碳"、交通强国、海洋强国等国家战略需求，深度融合电气工程、新能源、载运工具、人工智能、信息通信、网络安全等跨学科跨领域知识的新工科专业。

● 大功率半导体科学与工程

2024 年 3 月 19 日，教育部公布了 2023 年度普通高等学校本科专业备案和审批结果，并发布了 2024 年普通高等学校本科专业目录，为服务国家战略需要，大功率半导体科学与工程专业正式纳入本科专业目录。目前开设此专业的院校是西南交通大学。

2.2　你是否适合学电气类专业?

上节分别介绍了电气类专业的 1 个基本专业和 9 个特设专业,分别是电气工程及其自动化、智能电网信息工程、光源与照明、电气工程与智能控制、电机电器智能化、电缆工程、能源互联网工程、智慧能源工程,电动载运工程和大功率半导体科学与工程,十个专业中电气工程及其自动化专业是基本专业,全国院校中开设最多,其他特色专业只有部分院校开设。下面以覆盖面最广泛的电气工程及其自动化专业(以下简称电气工程专业)为例,介绍专业要求。

2.2.1　选读此专业应具备的基础

什么样的学生适合学电气工程? 电气工程专业对报考学生的兴趣、能力、知识和其他方面提出了综合要求。

兴趣

报考电气工程专业的学生应具备对新技术和知识的探索欲望,善于发现问题并寻求解决方案,以满足不断发展的科技需求。学生需要关注实际应用,将所学理论知识运用到实际项目中,提高设备和系统性能。

实践兴趣:电气工程是一门实践性很强的学科,需要进行电路设计、实验操作、系统调试等工作。如果你对亲自动手、解决实际问题和创造新技术感兴趣,那么电气工程可能非常适合你。

技术探索兴趣：电气工程涵盖了智能电网、可再生能源发电、电动汽车等多个新兴领域，也和多个学科有交叉，如通信、能源、自动化等。如果你对这些领域的技术发展和探索感兴趣，那么学习电气工程将让你接触到许多前沿技术和应用。

能力

数学和物理能力：电气工程涉及复杂的数学和物理概念，如微积分、线性代数、电磁学等。拥有良好的数学和物理基础将有助于你理解和分析电气工程问题。

实践操作能力：电气工程也涉及实验操作和实践技能。你需要学会使用各种仪器设备、编程工具和软件，进行电路组装、测试、调试等实验操作。

逻辑思维能力：电气工程专业要求学生具备较强的分析问题和解决问题的能力，通过合理推理找出最佳解决方案。

计算能力：该专业在科学研究中运用不同的算法，涉及大量数学运算，因此具备良好的计算能力是必须的。

知识

物理和数学知识是电气工程专业的基石。扎实的物理基础有助于深入理解大学物理、电路原理等知识，而精湛的数学技巧则为复杂数字计算和建模仿真提供支持。这两门学科相辅相成，共同构筑了电气工程专业的核心能力。

了解电气工程的基本原理、电路分析、信号处理、电力系统和控制系统等电气工程专业知识是非常重要的。学习这些知识将使你能够深入了解电气工程的实际应用和工作原理。这一部分在报考前不做要求，可作为检验自己对此专业兴趣和能力的参考。

2.2.2　培养目标

以上海交通大学电气工程及其自动化专业 2023 版培养方案为例，该专业以国家人才需求为导向，秉承"强弱电结合、软硬件结合、重实践、求创新"的专业办学特色，培养在电气工程、自动化、电子技术、人工智能、计算机应用等领域的国内外一流公司或者研究机构从事科学研究、工程设计、运行维护、经济管理等工作的具有国际化视野的高素质创新型人才。通过毕业后五年左右的工作和进一步学习，毕业生预期能够达到以下知识、能力和素质目标。

▲　价值取向：具有社会主义核心价值观，厚植家国情怀，矢志成为国家栋梁。

▲　知识目标：具备扎实的电气及电子信息的基础理论和专业知识，能够主动适应科学技术发展，以职业发展的需要为导向，通过学科交叉不断拓展知识领域，优化知识结构。

▲　能力目标：通过实践探索，增强分析、解决复杂电气及电子信息工程问题或开展创新科学研究的能力。具备良好的跨学科、跨文化协调沟通能力和团队领导能力。

▲　素质目标：身心健康，崇礼明德，自觉遵守职业规范，勤奋务实，敢为人先。

依照中国工程教育认证要求，电气工程及其自动化专业学生毕业时，需达到如下 12 点毕业要求。

■ 工程知识：具有扎实的数学、自然科学和电气工程相关知识，能熟练运用所学知识分析和解决复杂的工程问题，特别是与电力能源相关的问题。

■ 问题分析：能够应用数学、自然科学和工程科学的基本原理识别、表达，并通过文献研究分析复杂工程问题，以获得有效结论。

■ 设计/开发解决方案：能够设计针对复杂工程问题的解决方案，设计满足特定需求的系统、单元（部件）或工艺流程，并能够在设计环节中体现创新意识，解决方案综合考虑社会、健康、安全、法律、文化以及环境等因素。

■ 研究：能够基于科学原理并采用科学方法对复杂工程问题进行研究，包括设计实验、分析与解释数据、通过信息综合得到合理有效的结论。

■ 使用现代工具：能够针对复杂工程问题，开发、选择与使用恰当的技术、资源、现代工程工具和信息技术工具，包括对复杂工程问题的预测与模拟，并能够理解其局限性。

■ 工程与社会：能够基于电气工程专业知识合理分析评价工程实践和复杂工程问题的解决方案对社会、健康、安全、法律以及文化的影响，理解应承担的责任。

■ 环境和可持续发展：能够理解和评价针对复杂工程问题的工程实践对环境、社会可持续发展的影响。

■ 价值观与职业规范：具有正确的价值观、社会责任以及积极健康的人文、社会科学素养，能够在工程实践中理解并遵守工程职业道德和规范，履行责任。

■ 个人与团队：能够融入跨学科的研发或工程团队中，准确理解并履行自己的分工，善于处理人际关系，勇于并能够领导团队去达成目标。

■ 写作与沟通：能熟练使用母语和一门外语进行论文、报告的写作、口语交流和报告陈述，具有跨文化交流能力。

■ 项目管理：理解并掌握工程管理原理与经济决策方法，并能在多学科环境中应用。

■ 终身学习：具有自主学习和终身学习的意识，有不断学习和适应发展的能力。

2.2.3 答疑解惑

问 电力系统行业是夕阳行业吗？

答 有人认为现在很少停电，电力系统足够稳定，应该没有什么可研究的了，其实这是典型的认识误区。我国电力系统是世界上最复杂的人工系统。由于电能的生产、传输与使用是同时进行的，不易大量存储，新能源和新型输电设备的接入导致电力系统处于非常脆弱的窘境，许多技术面临着前所未有的挑战，而这正是青年才俊大展宏图的良机。例如，当前不仅需要攻克世界上最复杂的交直流输电技术，也需要解决由于风电、光伏等间歇性新能源因素带来的经济运行问题。

问 电气工程专业毕业只能去电网吗？

答 许多人认为学电气工程专业的学生，毕业之后就是去国家电网、发电集团工作。其实该专业毕业生可以去电力系统工作，也可以到电力行业的相关企业（如华为、西门子、ABB、上海电气、中国中车等电气设备制造公司）或者航天、船舶等科研院所就业。此外，还有不少电气专业的优秀青年进入金融、投行（能源投资研究）、快消、互联网等行业就业。电气作为第二次工业革命的主流技术，在所有的工业场景均有用武之地，可以说是就业面最广的专业之一。

2.3 专业培养图谱

电气工程作为历史悠久的传统工科专业，其课程包括了强电、弱电、编程等体系化知识，与其他电类专业相比，可能会涉及更多的专业课程，能较为全面地提升学生的能力，对于学生未来就业或者创业有很大帮助。

电气工程专业的知识体系包括通识课程、基础课程、专业课程、实践教学等。课程体系由学校根据培养目标与办学特色自主构建。课程设置能支持专业人才培养基本要求和培养目标的达成，课程体系构建过程中有企业或行业专家参与。

以上海交通大学电气工程专业为例，其培养方案如下图所示。

电气工程专业培养方案　　电气工程系　Department of Electrical Engineering

1. 工科专业计划——工科平台、工科专业、工科荣誉计划

	理科课程（31）		工科课程（30）			公共：英政体军心理（32.5）			
	数学19	物理12	电类17	信息7	工科6	心理1	英语6	政治17.5	体军8
1	高数 I /微分(荣誉) I 6；线代3	物理12	电类17	程序设计4	工程导论3	大心1	大英1-4 3	近现代史3；形策0.5	体育11；军事2；军训2
2	高数 II /微分(荣誉) II 4；物理(荣誉)(1)5/物理(1)4；物理实验(1)2		电路4；电路实验2	数电2；数据结构3	工科创1 2；工程实践(C)2		大英5 3	习概3；新时代2	体育21
3	数理方法3；概率统计3	物理(荣誉)(2)5/物理(2)4；物理实验(2)1	模电3	电子技术实验2				思法3	体育31
4	物理(荣誉)(3)5/物理(3)2		嵌入式4					马基3	体育41
5								毛概3	

电气工程专业培养方案　　电气工程系　Department of Electrical Engineering

2. 专业课

工科课程（52）

	专业必修 修满全部20学分			院系交叉 修满4学分			工科创 每层次II 1			
4	数字信号处理2	电机学(上)2	电磁场2	工科创II 2						
5	自控原理3；电力电子基础3；电气工程基础(1)4；电机学(下)2；高电压技术2			储能前沿2；新能源2；智慧能源2；无线电能传输2			工科创I3B 8；工科创I3H 2；工科创I3I 2			
6	专业规选 修满8学分：电气测量2；电机控制2；电力储能2；暂态2；继电保护3；电力系统自动化2；电力电子装置与系统2			综合实验与训练A 修满2学分：运动控制综合实验2；微电网控制综合实验2；电力系统应用综合实验2；嵌入式课设2；电力电子课设2；智能仪表课设2			工科创I4B 2；工科创I4K 2；工科创I4L(育才)2			专业实习
7	专业选修 修满6学分：电介质互联网2；电磁兼容2；通高计算2；系统优化2；电力信息思2；电网数字化2；电磁场数值计算2			综合实验与训练B 修满2学分：电气系统综合实验2；电气设备综合实验2；电气传动综合实验2；安电数字测量课设2；安电站电气部分课设2；继电保护课设2；电机的DSP控制课设2						
8										毕业设计4

上海交通大学电气工程培养方案及课程体系

通识课程

数学和自然科学类课程（至少占总学分的 15％）：数学包括高等数学、线性代数、数理方法、概率论与数理统计等知识领域的基本内容；物理包括力学、热学、电磁学、光学、近

了解部分课程和平台

代物理等知识领域的基本内容；根据需要可以补充普通化学的核心内容和生物学基础知识。

人文社会科学类课程（至少占总学分的 15％）：通过人类社会科学教育，使学生在从事电气工程设计时能够考虑经济、环境、法律、伦理等各种制约因素。

基础课程

工程基础类课程、专业基础类课程（至少各占总学分的20％）应能体现数学和自然科学在专业应用方面的能力培养。学校根据自身专业特点，在下列核心知识内容中有所侧重、取舍，通过整合，形成完整、系统的学科基础课程体系。

工程基础类课程包括工程导论、工程实践、电路原理、模拟电子技术、数字电子技术、嵌入式原理与接口技术、程序设计、数据结构等知识领域的核心内容。

专业基础类课程包括电磁场、数字信号处理、自动控制原理、电机学、电力电子技术基础、电气工程基础、高电压技术等知识领域的核心内容。

专业课程

专业课程（至少占总学分的 10％）应能体现系统设计和实现能力的培养。各高校可根据自身定位和专业培养目标设置专业选修课，与专业基础课程衔接，构成完整的专业知识体系。

实践教学

工程实践与毕业设计（论文）（至少占总学分的 20％）应设置完善的实践教学体系，与企业合作，开展实习、实训，培养学生的动手能力和创新能力。实践环节应包括金工实习、电子工艺实习、各类课程设计与综合实验、工程认识实习、专业实习（实践）等。毕业设计（论文）选题应结合电气工程实际问题，培养学生的工程意识、协作精神以及综合应用所学知识解决实际问题的能力。对毕业设计（论文）的指导和考核应有企业或行业专家参与。

实验和实践课程

学科竞赛

进入大学之后，同学们会遇到种类繁多的比赛，院级、校级、省级、国家级的各种比赛应接不暇。但是一个人的精力是有限的，不可能全部参加，那么，哪些比赛是"有用"的比赛呢？先说下何谓"有用"，直观来说就是高级别的学科竞赛，可以此作为课程学习的应用机会，获得的成绩可以被专业认可，作为各种荣誉称号、奖学金，甚至于保研的重要加分项。

所以，进入大学之后，建议同学们先了解学校或学院的高水平竞赛列表，每个学校都有自己认定的比赛，而且大部分学校是基本一致的，毕竟高水平的比赛变动不会很大。以下是几个电气类学校公认的科技竞赛，具体参赛要求同学们可以自行查看对应网址。

● 中国国际大学生创新大赛（中国国际"互联网＋"大学生创新创业大赛）：https://cy. ncss. cn

● "挑战杯"全国大学生课外学术科技作品竞赛：http://www. tiaozhanbei. net

● "挑战杯"中国大学生创业计划竞赛：http://www. chuangqingchun. net

● ACM-ICPC 国际大学生程序设计竞赛：https://acm. cumt. edu. cn

● 全国大学生数学建模竞赛：http://www. mcm. edu. cn

● 美国大学生数学建模竞赛：https://www. comap. com

● 全国大学生电子设计竞赛：http://nuedc. xjtu. edu. cn

● 全国大学生智能汽车竞赛：https://smartcarrace. com

● 全国大学生节能减排社会实践与科技竞赛：http://www. jienengjianpai. org/Default. asp

● 全国大学生机器人大赛：https://www. robomaster. com/zh-CN

● "外研社·国才杯"全国大学生外语能力大赛：https://uchallenge. unipus. cn

上海交通大学电气系"海燕：船舶能源心脏智能诊断系统"项目斩获第七届中国
国际"互联网＋"大学生创新创业总决赛金奖三强

上海交通大学团队获第九届全国大学生能源经济学术创意大赛全国总决赛特等奖

2.4 学长分享

邵志冲

上海交通大学"2023年优秀本科毕业设计论文"获得者

在我看来，电气工程专业是一个贴近生活、学以致用的专业，是一个理论化与工程化兼具、重视实践的专业，是一个历史悠久而充满活力的专业，有广阔的空间有待大家探索。

电气工程是一门研究"发电""输电""配电""用电"的学科，结合控制理论，通过控制电能的流向、大小、频率等实现生产的效用最大化。生活中处处需要电气工程的知识。从"一盏灯如何亮起"到"我们如何控制其开关"，再到"如何通过高频开关动作控制其明亮程度"，电气工程基础与进阶的知识悉数应用于其中。特高压输电将西部的电能高效地输送至东部工业城市，容量越来越大的充电宝和越来越安全高效的充电器，便宜到8万元一辆、性能却不输几年前30万元燃油车的比亚迪秦，电气工程这门学科让我们的生活越来越好。

学习电气工程，一定要注重动手实践，注重用实验结果验证理论。与我们高中时期学习的理论知识不同，电气工程中既有严谨的数学推导，也有大量工程化的近似与简化。初学者不能钻牛角尖，遇到不懂的知识点多请教老师，实在不懂的可以先跳过，等到学习的知识更丰富之后回头再看，从前怎么也不理解的知识点便会融会贯通。电气工程本科需要学习很多课程，可以全面提升自己作为电气工程师的基本素养，虽然本科四年学到的只是皮毛，但我也觉得收获颇丰，最重要的是让我感受到一个工程师如何思考问题：降低成本，优化性能。将来无论是科研还是工作，这种成本和性能、安全和效率并重的思维，都大有裨益。学习这些专业课的要点在于理解工程化表达背后的含义和物理过程，哪怕是高中数学物理一般的同学，也能学得很好。

高中历史书上往往把第二次工业革命称为"电气革命"，把第三次工业革命称为"信息革命"，让人误以为电气工程已经过时。其实电气工程从 19 世纪中期开始，就一直在推进每一次工业革命，参与工业化和产业化的进程。电气工程与电子技术、控制理论，甚至互联网技术深度结合，创造出大量现代化的产品和理论。电气工程师掌管着人类目前发现的最便于传输和控制的能源：电能，从古至今都是一个代表着先进生产力的职业，一个富有创造性的职业。

欢迎学弟学妹们报考上海交通大学电气工程及其自动化专业！

徐军忠

上海交通大学"2021 年优秀博士学位论文"获得者

作为深耕电气工程领域多年的学生，我非常荣幸能在上海交通大学电气工程系这样一个科研和学术氛围浓厚的地方学习和成长。

电气工程是一个既富有挑战也充满机遇的领域。它不仅关注电能的产生、传输、分配和使用，更通过控制理论与技术优化这一过程，以实现能源使用的高效性和可持续性。正是这样的特性，使电气工程成为推动社会发展的重要力量。从为我们的家庭和工厂提供电力，到开发高效的充电技术，再到设计智能电网，电气工程的应用广泛而深远。

在学习电气工程的过程中，我逐渐认识到理论知识和实践技能的重要性。电气工程的学习不仅是公式和理论的记忆，更重要的是通过实践来验证这些理论，通过实际操作来深化对知识的理解。这个过程虽然充满了挑战，但也是极为充实和有意义的。每当我看到自己设计的电路成功工作，或者解决了一个长期困扰的技术问题时，那种成就感和满足感是无与伦比的。

在交大电气系学习电气工程，我体验到几个独特的优势。

一是先进的实验平台：学校拥有一流的实验设施和平台，很多实验室还获得了知名企业的资助，提供了先进的实验设备，这为我们的学习和研究提供了极大的便利和支持。在这里，我们可以亲手操作和实践，将理论知识转化为实际能力，这对于电气工程的学习至关重要。

二是包容和尊重个人兴趣的老师：在交大电气系，老师们对学生的个人兴趣和发展方向极为包容，他们不仅尊重我们的爱好，还积极引导和支持我们深入探索。这种开放和鼓励的学术氛围激励着我不断追求自己的研究兴趣，并在电气工程的道路上更加坚定和自信。

三是出众的学长学姐和团队合作精神：交大电气系的实验室文化非常重视团队合作和互帮互助，无论遇到什么问题，总有能力出众的学长学姐在旁辅导和帮助。这种良好的学习环境让我们在遇到困难时不会感到孤单，而是能够从中找到解决问题的方法和勇气。

这些独特的学习经历，不仅让我对专业知识有了深入的理解和掌握，更重要的是，它们塑造了我解决问题的能力，培养了我面对挑战的勇气和决心。学习电气工程不仅仅是学习一个专业，它是一次全面提升自我的机会，是一次学会如何思考、如何创新、如何实践的过程。

因此，我热烈欢迎对科技有热情、愿意深入探索、敢于面对挑战的学弟学妹们加入上海交通大学电气工程系大家庭。在这里，你将获得宝贵的知识、技能和视角，这将伴随你走向未来，成就你的梦想。

卢力

上海交通大学 2024 届博士毕业生，上海高校就业协议书 001 号

各位学弟学妹，大家好！我是卢力，曾就读于河南省固始县慈济高级中学，于 2014 年进入上海交通大学攻读电气工程及其自动化专业。自 2018 年起，我开始了硕博连读的学习生涯，并于 2024 年 3 月成功完成了博士学位答辩。在过去的十年里，交大对我的人格和精神塑造产生了深远的影响。从最初懵懂的高中生到如今全面提升和发展的交大人，我经历了许多成长与收获。在这里，我愿意与大家分享我的学习心得和经验，与大家进行深入交流。

　　为什么选择交大？我相信这也是你脑海中的一个重要问题，我的答案或许能为你提供一些参考。我来自河南的一个贫困县，高考之前几乎未曾离开过那个小县城。直到踏入上海，我才领悟到世界的广阔，海纳百川的城市品格让在这里生活的人有着独一无二的体验。而交大作为一所综合性大学，不仅在理工科领域拥有卓越的声誉，医学和经管领域也是国内数一数二的。在这里，同学们能够获得全方位的发展，并且毕业后有机会选择令人艳羡的职业。因此，我选择了上海交大，选择了电气工程这一交大王牌工科专业。在这里，我接受了一流的课程教育，得到了优秀教师的指导，并且有幸获得了前往意大利、法国等多国进行交流访问的机会。更令我感到自豪的是，我们课题组参与研制的高温超导电动悬浮试验系统成功运行，并被央视新闻联播报道，这为我带来了巨大的成就感。因此，我要感谢母校为我提供的丰富资源和机会，让我得以实现多维度的发展。

　　在成长的过程中，难免会遇到一些挫折和挑战。但幸运的是，在交大，我学到了一些应对困难的"秘籍"，我很愿意在这里与大家分享。

　　首先是搜索调研关键信息的能力。由于我没有往届的学长考上交大，初入学时我有很多不适应的地方。但我逐渐发现校内校外有非常多的论坛与开源平台，生活和学习上的难题都能在这里找到答案。于是我在 B 站上复习课程要点，在"交大传承"网站下载往届学长的学习资料，在"水源论坛"和同学们指点江山。只要去主动搜索，就会有解决方案。

其次是要具有孜孜不倦的钻研精神。我曾遇到过一个科研难题，搜索资料后发现国内外都没有报道过这种现象。于是我苦苦尝试各种仿真方法，逼迫自己挑战未知的领域，用了足足一年的时间，终于能够用理论和仿真数据来解释这个现象，并且发表了一篇一区的论文。这次经历让我深刻认识到了钻研的重要性，虽然过程很痛苦，但解决问题之后一定会很开心。

最后是要注重多维度地培养自己。无论是在本科还是在研究生期间，在学习之余我都热心参加学生工作。我担任过院团委组织部部长、兼职辅导员和党支部书记，这些经历让我学会了与人沟通，更好地做一个团队的领导者。多种角色的转变之间，自身也能够得到多维度的成长。

我的分享还不够全面，无法囊括千万个交大人的千万种精彩人生，这需要你来上海交大继续探索。期待学弟学妹们在金秋九月来到东海之滨，与我们共同书写更加精彩的交大故事！

王梦圆

上海交通大学 2024 届博士毕业生

各位同学好！我是上海交通大学 2019 级电气工程专业的博士研究生王梦圆，很高兴有机会在这里与诸位开展一场隔空对话。

首先，我想给大家简单介绍下我眼中的电气工程专业。

电气工程是一门重理论、强实践的专业。自然界中一次能源总量的近 70% 转换成了"电"，各行各业和日常生活都离不开它，它是电气工程专业学习和研究的对象。电气工程专业的课程涵盖数学、物理、电路、单片机、电磁场、电力系统、电机等诸多方面。电能在发电厂的产生、在变电站及换流站中的变换、在电力网中的传输、在用户侧的使用与控制等都是该专业的学习范畴。面向这一复杂工业系统的专业理论学习使得电气工程专业的同学们"身怀绝技"，具有广泛的就业选择，可以进入电力系统工作，如国家电网公司、南方电网公司、电力科学研究院等；或者进入航空航天、新能源汽车等行业；又或者进入华为、西门子、ABB 等单位从事电力系统、电气设备相关的研发工作。

接下来，我想跟大家分享下我进入研究生阶段的一些感悟。

电气工程重理论、强实践的专业特色与上海交通大学"求实学，务实业"的办学宗旨不谋而合。在上海交大攻读研究生的过程中，我深深感到这个专业是与社会发展息息相关的，国际能源发展的新趋势推动着电气工程专业不断演进和丰富，要求我们从事研究工作要有大局观和开阔的思维。如何从一名优秀的本科生转变为合格的研究生，我觉得最重要的是要学会"主动学习"。主动学习本身是一种机器学习技术，传统机器学习方法通常是基于历史数据训练出具有辨识能力的模型，在测试场景与历史场景相同的情况下，能够取得好的表现，但难以适应未知的新场景是需突破的难点。为此，我在科研工作中提出了一套"主动学习"的方法体系，一方面基于自身模型和历史数据信息，标记和学习与历史数据相似的实例；另一方面，挖掘学习那些对模型性能有最大改进的未知场景的样本。这样的思路，让算法真正具备在实际中应用的能力。完成基础课程学习的我们，也好比一个预先训练好的模型。面对国家的新战略、电力系统的新变革，我们必然也会面临"老场景"和无数未知的新挑战。拥有"主动学习"的能力能够保持和发挥自己应对"老场景"的自身优势和知识积淀，同时对新挑战主动出击，在拥抱变化中高效提升新技能，进而不断提高我们自身的精准性、鲁棒性、普适性，成为一名理论基础扎实、实践经验丰富的优秀电气专业学子。

在前不久，我顺利完成了博士阶段的学习，正式告别我的求学阶段。上海交大四时四景的美丽风光、丰富的学术交流活动、开放创新的进取精神，给我的求学生涯留下了太多美好的回忆。而对面的你们，也快要开启新的阶段，在此祝福各位同学们都能圆梦自己心仪的大学，拥有一段美好的大学时光。

第3章

职业生涯发展

本章将深入探讨电气类专业的职业发展情况。首先，介绍了电气类专业就业所需的专业知识和能力，旨在帮助学生明确关键知识和技能的学习。然后，引用3所高校毕业生就业去向的统计数据，分析了电气类专业的就业趋势和毕业生去向。最后，探讨了科研、国企和民企3条重要的职业发展道路，通过实际例子为电气类专业的学生和对电气类专业感兴趣的读者提供全面、实用的职业发展指导。

3.1　电气类专业就业要求

3.1.1　专业知识与能力

电气学科是一门多元化且综合性极强的工程学科，它不仅要求学生掌握坚实的科学原理，还要求他们能够将这些原理综合应用，并在实际工程中加以实践。因此，与纯粹的基础科学类专业相比，电气类专业的学生不仅需要掌握理论知识，还需要频繁地与各种电气设备打交道，这对动手实践能力提出了更高的要求。在这个信息化时代的背景下，电气工程的学习和研究也常常依赖计算机软件，以便对各种电气工程系统和场景进行精确的设计、深入的分析和详细的仿真。这些仿真活动的最终目标是将理论知识转化为实物工程中的实际成果。

随着技术的不断进步和发展，电气学科也在与新兴技术不断交叉融合。可再生能源技术、智能电网、电动汽车等这些我们耳熟能详的名词都与电气学科有着密不可分的联系，这些领域不仅代表了技术的前沿，也是社会发展和环境保护的关键，近年来也得到了国家越来越多的重视和大量资源的投入。为适应日益复杂的工程需求和社会责任，如何将传统理论与现代技术进行有效的多学科融合，掌握这一能力对于当代电气工程师而言，已经成为一项至关重要的技能。

理论和工程的基础知识

对基础理论的理解和掌握是进入这个领域的必备条件。学生在毕业时应具备对一系列核心知识领域的深入理解和运用能力。这些要求确保学生能够有效地应对工程实践中的挑战，特别是那些与电力能源紧密相关的复杂问题。

扎实的数学和自然科学基础是必需的，这是理解和解决任何工程问题的前提。数学不仅是工程科学的语言，其在建模、分析及解决工程问题中发挥着不可替代的作用。而对物理学和化学等自然科学的全面理解，为解释电气工程中的现象和应对挑战提供了科学依据。

当然，与电气工程联系最为紧密的是与"电"相关的知识，包括电路和电磁场的基本原理、电力系统功率平衡机制和潮流分析方法、机电能量转换原理、电力电子基础知识、模拟和数字电路知识，以及高电压绝缘、测试与过电压防护等。其中包括与电磁相关的基本概念和基本定律，复杂的数学模型和算法的分析和构建，电能、机械能等多种能量之间的相互转换，从各种基础电路元件到复杂的集成电路的辨认、设计与分析。

这些基础的理论知识和能力都是构成庞大的电气工程系统的基石，对于电气专业的学生来说，熟练掌握这些知识并熟知这些底层的运作原理，是未来走上工作岗位、参与工程项目的必备条件。

工程问题的构建和分析能力

电气领域涉及的工程项目类型众多，发电厂的建设和运营，电力传输和分配系统的设计、建设和维护，建筑物内部的电力布线、照明、电梯控制系统等，都属于电气类专业的范畴。要完成一个如此庞大的工程项目，必须具有卓越的设计和分析能力，从理论知识到具体应用，从底层电路到系统工程，从细节到整体，层层推进，搭建出完整、精密、性能卓越的电气系统。

最基本的能力是电路设计与分析。电气工程师需要熟悉各种电路元件的性能和应用方法，并能根据特定的电路需求，合理地选择和设计电路。当电路元件逐渐增加、电路规模逐渐扩大，最后的电路会非常庞大，对它的分析也会变得非常复杂。如何合理有效地评估电路的性能，并据此进一步优化设计方案，是非常关键的。

对电气系统进行设计与优化，需要熟练掌握各类电气系统的结构组成，深入了解其运行原理，并具有一定的创新能力，能够根据系统需求，通过对系统组成进行一定的修改、拼合等操作，进行合理的设计和参数配置。如何从仿真数据中提取关键信息，并利用这些信息来对电气系统进行必要的调整和改进，是电气专业的学生努力的重要方向。

电气设备的维护和排除故障的能力同样重要。一个电气相关的工程中包含许许多多的电气设备，而一个电气设备中又包含许许多多的子电路，其中有元件出现故障是不可避免的，一个元件的异常可能导致整台设备、甚至整个系统瘫痪。当电气系统出现问题时，需要电气工程师快速、精准地找到故障的原因，并尽可能快地进行排除。要能够达到这样的要求，除了经年累月的训练和经验积累外，首先要具备的是对电气设备的工作原理和结构的深入了解，以及进行设备的安装、调试和维护的能力，熟练使用适当的仪器和测试方法来定位故障的发生点、识别故障的原因，运用所学知识解决电气设备的故障。

总体来说，电气专业的学生需要能够将理论知识与具体工程联系起来，具有设计和分析电气系统、高效处理复杂的电气工程问题的能力，在多变的工程环境中有效地工作和创新。

面向实际工程场景的应用和实践能力

电气学科是一门实践性很强的学科，与面对电脑敲键盘写代码的"码农"不同，电气类专业的学生在学习和日后的工作中会涉及动手搭建电路、调试仪器设备、实地考察工程项目等工程实践。

最基础的是电子电路的设计和搭建，包括基本的模拟电路和数字电路。在这个阶段，电阻、电容、晶体管等元件不再仅仅是教科书中的抽象符号，而是转化为一个个实际可触摸的元器件。为了有效地将理论转化为实践，要求学生能够准确识别并应用实物电子器件，包括了解每个元器件的引脚、型号和数值大小，以及深入理解它们的功能和性能。在设计和搭建电路的过程中，能够根据图纸的设计要求，选择合适的元件，合理地进行布局，熟练使用电工工具，进行设备电气电路的接线、安装。

一个工程系统的设计搭建过程包括仿真和测试，电气工程亦如是。电气工程的学生需要熟知常用的测试仪器的种类，了解这些仪器的基本功能，熟练掌握它们的操作方式。根据测试目标和条件，搭建合适的测试环境和配置，配置测试设备，计划测试步骤程序，精确解读测试数据，准确地评估电气系统的性能。

因为学科的特点，电气工程的学生会经常面对的场景是根据特定的机电系统控制需求进行现场编程和调试。这要求他们对控制系统中使用的各种硬件和软件工具有深入的了解，根据具体需求设计出有效的解决方案，迅速识别及解决潜在问题。

跨学科交叉领域融会贯通与创新能力

在这个科技飞速发展的社会，电气类专业人士仅仅掌握基础知识和常规电气相关系统的分析方法已不足以应对挑战。各种多学科融合的新兴领域正在崛起，一方面对电气学科提出了更高的要求，另一方面也为其提供了进一步发展的机遇。作为一个与电能紧密相关的学科，电气学科与其他学科的融合发展推动了可再生能源技术、智能电网、电动汽车等领域的发展，推广使用可再生能源对电厂发电模式能源消纳提出了挑战，智能电网的发展为电力系统的优化和管理提供了新的解决方案，而电动汽车的兴起更是促进了相关研究领域和产业发展的繁荣。这些领域不仅在技术上不断创新，而且还与环境可持续性、经济发展和社会福祉紧密相连，受到了国家的重视。

在这样的大背景下，电气工程师需要持续地学习和适应，以应对不断变化的技术趋势。他们不仅要精通传统的电气工程知识，还需要对新兴技术保持敏感，掌握如人工智能、大数据分析等跨学科技能。

电气类专业的人才培养也在逐渐适应这些变化。大学和教育机构正在增加课程内容的多样性和实践性，以培养学生的创新能力和综合素质。企业和行业也在寻求与高等教育机构的合作，以确保教育与行业需求保持同步。而电气类专业的学生，更需要积极关注学科前沿的进展，不断提升自身的专业能力和竞争力。通过不断的学习和实践，为电气工程领域的发展做出重要贡献，同时为自己的职业生涯铺平道路。

3.1.2 核心素养

电气类专业的学习是一项全面而深入的挑战，它对学生在多个领域都有较高水平的要求。

技术素养

学生需要有良好的技术素养和逻辑思维能力，能够深入理解和掌握各种电气工程的基础知识，对电气工程的基本原理和技术方法有深刻的理解，熟练运用这些原理和方法来独立完成电气工程的设计、调试和维护等工作，能够对需要的数据进行整合和分析，具备强大的问题分析和解决能力，深入理解复杂的电气系统，准确识别系统中可能出现的问题，并能够提出有效的解决方案。

创新素养

学生还应具备足够的创新素养。创新思维和创新能力在科技不断进步和市场需求日益变化的当今时代至关重要。具备创新能力的电气工程师能够不断探索和发现新的电气技术和应用，提出创造性的解决方案和创新性的设计，不论是对电气相关的技术本身还是在工程项目管理、能源效率、可持续发展等方面都勇于提出创新，为电气工程领域带来更多的可能性和活力。

实践素养

学生需要一定的实践素养和动手能力，能够参与到工程项目中，在真实的工作环境中进行操作，独立调试电气设备和系统，包括但不限于搭建电路、安装设备和进行系统测试等。对于部分精准的技术和工艺，仅仅理解其工作原理和步骤是不够的，必须进行大量的实践操作，通过反复的练习和长期的经验积累才能提升操作的准确性和效率。

应用所学的专业知识，在实践中发现问题、分析问题并提出解决方案，是每个电气工程师的基础能力。

团队协作素养

在电气工程领域，由于项目往往涉及复杂的技术要求和多个专业领域的交叉，团队的协同工作成了完成项目的必要条件。团队合作和沟通能力对于电气类专业的学生显得尤为重要。具备良好的沟通技巧可以帮助团队成员之间建立有效的信息交流渠道，确保每个人都能准确理解项目目标、任务分配和执行标准，从而提高工作效率，避免不必要的误解和重复工作。通过共享知识和技能，加强团队内部的互助互补，有效促进项目的顺利进行。

项目管理能力也是不可或缺的，这包括时间管理、资源配置、进度控制和风险管理等方面，当电气工程项目的规模和复杂度不断增加，有效的项目管理是确保项目按时、按预算完成的重要保障。

学习素养

在电气工程领域内，技术的创新和进步从未停止，新的理论、技术、工具和标准不断涌现。这种快速的发展态势要求从业者，特别是学生们，培养并维持一种终身学习的态度。

对于电气类专业的学生来说，仅仅掌握在校期间学到的知识和技能是远远不够的，他们需要对行业中的新技术和新标准保持持续的好奇心和学习热情，不断探索电气工程的最新发展动态，不断提高自己的专业水平，适应这个快速变化的行业，拓宽自己的视野，增强自己的专业能力。

职业道德

职业道德不管对电气类专业还是其他专业的工作者来说，都是不可或缺的一部分，要严格遵守职业道德和法律法规，秉持正面积极的职业心态和正确的职业价值观意识，热爱并投身自己的职业。

这些核心素养，不仅对个人的职业发展至关重要，也对确保公共安全和推动技术创新具有深远的意义。通过全方位的培养，电气类专业的学生们将能够在未来的职业生涯中取得成功，并为国家的科技发展做出贡献。

3.2 电气类专业毕业生去哪就业

电气类专业是一个综合性极强的学科领域，它涵盖了从电力系统到能源产业的广泛且不断发展的技术领域。毕业生在这一专业中获得的丰富知识和技能为他们开启了多元化的职业道路。

毕业后，有很大一部分学生会投身传统的电气工程领域，选择在电力公司、能源供应商或可再生能源公司工作，参与电力的生成、传输、分配和管理。此外，电气类专业的毕业生也有机会在工程咨询公司或设计院工作，从事电气相关的工作，如系统设计、电路设计、电气设施规划等。制造业也是电气类专业毕业生的重要就业方向之一。在这里，他们可以参与电机、电气设备、电子产品的设计、生产和测试工作。电气系统在许多工程中都是非常重要的组成部分，具有举足轻重的作用。建筑和施工领域也为电气类专业毕业生提供了广阔的舞台，他们可以参与建筑电气设计、楼宇自动化和智能建筑系统的设计与实施。

研发和创新是电气工程领域的核心。电气类专业的毕业生在研究所、大学或企业的研发部门工作，有机会参与新技术和新产品的研究和开发过程。在自动化和控制系统领域，电气类专业人才可以涉足工业自动化、机器人技术、智能控制系统等创新技术的开发与应用。

如果把目光放得更广阔一些，可以发现，信息技术和通信行业也为电气类专业毕业生提供了大量的机会。在这些领域中，他们可以参与网络基础设施、数据中心、通信设备等的设计和维护工作。政府和公共部门同样需要电气类专业的人才，他们在这里可以参与能源政策的制定、公共设施的管理以及环境监管等重要工作。

创业也是电气人的选择之一。在如今日新月异的社会，电气与其他学科领域相融合，产生了无限的发展机会和发展前景。电气类专业的毕业生可以利用自己在电气方面的专业知识和技能，创办自己的公司，从事电气相关的创新和商业活动。在这一过程中，他们不仅可以实现个人职业生涯的发展，也可能为社会带来新的技术和解决方案。

此外，电气类专业的本科生也有相当一部分会选择继续深造，攻读硕士或博士学位，以进一步钻研某个领域或提升自己的研究能力。

接下来将以 3 所以工科见长的重点大学为例，分析近年来电气类专业毕业生的就业情况。

清华大学

清华大学电机工程与应用电子技术系（简称电机系）创立于 1932 年，是清华大学最早成立的 3 个工科系之一。1989 年率先将原电力系统自动化、高电压技术、电机三个专业合并为一个宽口径的"电气工程及其自动化"专业，列入全国专业推荐目录。清华大学电气学科是首批国家一级重点学科和一级学科博士点，在历次学科评估中保持全国第一或 A＋。

清华大学电机系 2023 届毕业生包括 2023 年 1 月、4 月、6 月、8 月、10 月 5 个毕业批次，共计 232 人。其中本科毕业生 115 人、硕士毕业生 53 人、博士毕业生 64 人。

除 1 名本科国际生、10 名非全日制硕士与 9 名非全日制博士毕业生外，清华大学电机系 2023 届共有 212 名纳入就业统计的学生（本科 114 人，硕士 43 人，博士 55 人），其中 116 人继续深造，89 人就业，7 人拟继续深造。研究生就业率为 100%，本科生就业率为 93.9%（拟继续深造者暂未就业）。

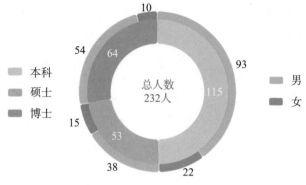

清华大学电机系毕业生基本情况

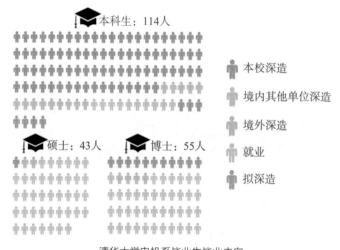

清华大学电机系毕业生毕业去向

114 名本科毕业生中，97 人深造，10 人就业，另有 7 人拟继续深造，深造率达到 85.1％。其中留在本校继续深造的共 82 人，另有 11 名毕业生去往国内其他电气院校深造，4 人选择境外深造。

硕士及博士毕业生全部就业或深造，研究生就业率达到

100%。43 名硕士毕业生中有 3 人深造,其中 1 人在清华大学继续深造,2 人境外深造。55 名博士毕业生中有 16 人深造,选择在国内从事博士后研究的共 12 人,其中 11 人继续在清华大学从事博士后研究,另有 4 人到境外从事博士后研究。

在电机系 2023 届 89 名就业的毕业生中,按照行业分类标准分析,电力、热力、燃气及水生产和供应业仍是电机系毕业生的主要选择,占比达 46.1%,体现出电机系毕业生投身国民经济发展主战场、利用专业知识服务行业发展的主流意愿。

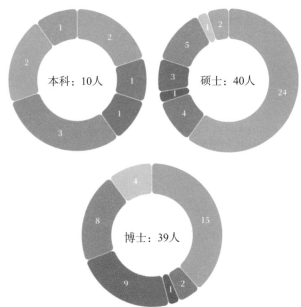

清华大学电机系毕业生就业行业分析

按照实际行业分析，电机系 2023 届毕业生中共有 53 人去往电力/电工行业，占就业总人数的 59.6％，就业单位遍及电网、发电、装备制造、技术研究等多个子领域，其中电网企业 24 人，国家电网/南方电网总部及下属子公司 3 人，区域及省级电力公司 15 人，地市级供电局 6 人，发电企业 7 人，电力电子/电工制造企业 6 人，行业内研究单位 16 人。除了电力/电工行业就业以外，有 16 人去往电子/信息行业，7 人去往党政机关，2 人去往金融业，3 人去往非电力/电工行业研究所，8 人进入教育行业（其中 6 人前往高校从事教学科研工作）。

在单一雇主就业人数方面，电力规划总院有限公司共有 5 位毕业生签约入职；中国华能集团有限公司、国家电网北京市电力公司、国家电网上海市电力公司、国家电网江苏省电力有限公司苏州供电分公司、北京四方继保自动化股份有限公司各有 3 位毕业生签约入职。

清华大学电机系 2023 届毕业生就业去向涵盖全国 16 个省市，有 44 名毕业生出京工作，京外就业学生数占就业总人数的 49.4％。其中，前往上海市和江苏省就业的人数最多，分别占就业总人数的 9.0％和 7.9％。另外，前往浙江省、广东省、湖北省、四川省就业的人数也较多。返回生源地省份就业的毕业生共 24 人，占就业毕业生总数的 27.0％。2023 年，电机系有 17 名毕业生（占就业人数的 19.1％）响应"到西部去，到基层去，到祖国最需要的地方去"号召，前往东北和中西部省份就业。

综合来看，清华大学电机系 2023 届毕业生就业率为 96.7%，其中研究生就业率达到 100%、本科生深造率达到 85.1%。从地域分布看，绝大多数毕业生选择在国内发展，出京就业率稳定在 50% 左右，4.7% 的同学选择出国深造。从行业分布看，电力/电工行业的就业比例维持在 60% 左右，仍然是毕业生的主流去向，且行业内就业分布更加均衡，展现了毕业生心系我国电力/电工行业发展、入主流上大舞台的就业意愿。

上海交通大学

上海交通大学是我国历史悠久、享誉海内外的高等学府之一，属于中国的"C9"高校。其电气学科作为我国高等教育首个电气学科，在超过百年的办学历程中为国家和社会培养了逾万名优秀人才，包括一批杰出的政治家、科学家、社会活动家、实业家、工程技术专家。学科现为上海市重点学科（1996年批准），设有电气工程一级学科博士后流动站（1999 年批准），并于 2005 年被评为全国优秀博士后流动站（同学科中第1 名）。电气工程学科下设电力系统及其自动化、电力电子与电力传动、高电压与绝缘技术、电机与电器、电工理论及其新技术 5 个二级学科，均具有博士及硕士学位授予权。2018 年，上海交通大学"电气工程"一级学科成功进入教育部首批"双一流"建设学科之列，其办学体现强弱电、软硬件相结合的特色，目标是将学生培养成为具备国际视野，可以综合运用所学的科学理论与技术方法从事与电气工程相关的系统运行和控制、电工技术应用、信息处理、试验分析、研制开发、工程管理以及计算机技术应用等领域工作的人才。

2022 年，在疫情常态化防控的背景下，整体就业形势复杂严峻，就业工作面临前所未有的挑战。电气工程系在学校、学院各部门的支持下，创新构建线上就业服务保障体系，科学精准落实就业指导工作，营造了良好的就业引导氛围，在保证毕业生顺利就业的基础上，实现高质量就业。

上海交通大学电气工程系 2022 届毕业生共 246 人（不含国际学生与港澳台学生），其中，本科生为 85 人（34.55%），硕士生为 130 人（52.85%），博士生为 31 人（12.60%）。可以看到，硕士和博士毕业生的人数总和已经超过本科毕业生。本科、硕士和博士毕业生的就业率分别为 96.47%、100.00% 和 100.00%。

上海交通大学电气工程系毕业生学历构成

电气工程系 2022 届总毕业生就业率为 98.78%。其中，国内升学比例为 18.29%，出国（境）深造比例为 1.63%，签

分学历就业率

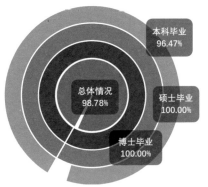

上海交通大学电气工程系各学历毕业生就业率

约就业比例为 74.39％，灵活就业比例为 4.47％。各学历的毕业生去向如下图所示。

- 灵活就业1人，占比3.23%
- 签约就业30人，占比96.77%

博士去向

- 签约就业121人，占比93.08%
- 灵活就业3人，占比2.31%
- 国内升学5人，占比3.85%
- 出国（境）深造1人，占比0.77%

硕士去向

- 国内升学40人，占比47.06%
- 暂不就业3人，占比3.53%
- 灵活就业7人，占比8.24%
- 签约就业32人，占比37.65%
- 出国（境）深造3人，占比3.53%

本科去向

上海交通大学电气工程系各学历毕业生去向分布

从这一细化后的数据可以看出，近一半的本科生会选择继续深造，而毕业后的硕士生和博士生则大部分选择签约就业。2022 年电气工程系共有 45 名本硕毕业生国内升学，其中，39 名本科生、5 名硕士生选择留在本校继续深造。在选择国内升学的 40 名本科毕业生中，有 2 人选择攻读博士学位，占5.00％。2022 年共有 6 名学生选择出国深造或工作，与前一年相同，其中本科生 4 人，硕士生 1 人，博士生 1 人。出国毕业生中有 3 人前往 QS 或 ARWU 排名世界前 50 的高校留学或就业。因为疫情原因，该数据较前几年有较大减少。

从就业的地域来看，一半的毕业生选择在上海工作，其中博士生、硕士生和本科生分别为 16 人、53 人和 20 人，这反映了学校在上海地区的影响力和高水平的就业机会。除上海市

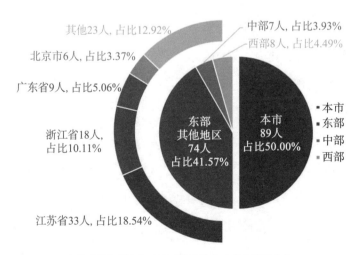

上海交通大学电气工程系签约毕业生就业地域分布

外，本系毕业生就业人数较多的省市依次为江苏省、浙江省、广东省和北京市。

毕业生国内签约单位性质分布如下图所示。签约单位以企业为主，占签约就业人数的 87.64％。签约单位中，国有企业占比为 58.43％，事业单位占比为 10.11％，党政机关占比为 2.25％。

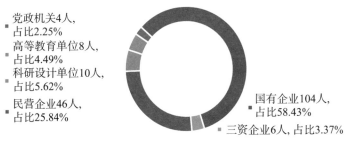

党政机关4人，占比2.25%
高等教育单位8人，占比4.49%
科研设计单位10人，占比5.62%
民营企业46人，占比25.84%
国有企业104人，占比58.43%
三资企业6人，占比3.37%

上海交通大学电气工程系签约单位性质分布

从单位所属行业来看，本系毕业生就业人数较多的行业主要包括电力、热力、燃气及水生产、供应业，制造业，信息传输，软件和信息技术服务业等。硕博毕业生更倾向于选择电力、热力、燃气及水生产和供应业就业。本科生更倾向于选择制造业就业。典型的就业单位包括国家电网公司、中国电子科技集团、华为、腾讯等知名企业和机构。其中，共有 74 名学生（包含本科、硕士及博士）进入国家电网各省市公司工作，主要集中在华东地区的省市公司，如江苏、上海、浙江、山东电网等，此外，也有部分毕业生选择在北京、广东等地工作。随着电力行业的发展和新兴领域的拓展，在新能源、智能电网及自动化控制等领域，电气专业的就业机会也持续增多。

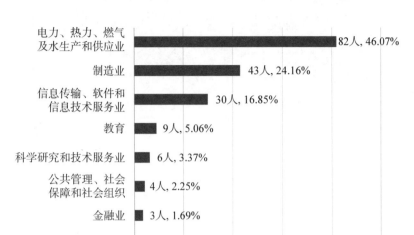

上海交通大学电气工程系签约单位行业分布情况

　　值得注意的是，在国家的政策导向和学院的引导下，越来越多的毕业生进入国防科技单位等央企就业，为国家的科技事业添砖加瓦。2022 年，电气工程系 4 名毕业生通过"定向选调"的渠道到基层公共部就业，其中博士 2 人、硕士 2 人，分布在全国 3 个省（自治区、市），就业单位分别为某部委、上海市经济和信息化委员会、中共上海市普陀区委员会组织部、中共浙江省委网络安全和信息化委员会办公室。2022 年共 9 名毕业生赴国防科技单位就业，就业人数最多的单位是中国航天科技集团有限公司（5 人）。

　　2022 年，电气工程系所在的电子信息与电气工程学院国防科技单位就业增长人数全校第一（增长 39％），基层就业人数为全校第二（增长 12%），中西部基层就业人数（增长 45%）和央企单位就业人数（增长 16.5%）均创历史新高，就业质量不断提升，就业结构进一步优化。2022 年上海市高校毕业生就业协议书 001～100 号签约学生均来自上海交通大学，他们始终牢记"选择交大，就选择了责任"，时刻践行"走出交大，就要勇担使命"，投身国家重点行业单位，将奋斗的青春之花绽放在祖国和人民最需要的地方。

四川大学

四川大学是教育部直属全国重点大学，是国家布局在中国西部的重点建设的高水平研究型综合大学，是国家"双一流"建设高校。四川大学电气工程学院组建于 1998 年，是四川大学历史最悠久、规模最大的工科类实体性学院之一。学院办学体系完备，设有电气工程一级学科博硕士点、人工智能交叉学科博硕士点、能源动力专业学位博硕士点、电子信息专业学位博硕士点和控制科学与工程一级学科硕士点。设有电气工程及其自动化、自动化 2 个本科专业，以及电气工程及其自动化专业（中外合作办学项目）。现有本科专业均为国家级一流本科专业建设点、国家级"卓越工程师教育培养计划"试点专业，其中，电气工程及其自动化专业为工程教育认证专业。

截至 2023 年 12 月 31 日，四川大学电气工程学院 2023 届毕业生共计 688 人，其中，本科毕业生为 455 人，硕士毕业生为 223 人，博士毕业生为 10 人，总体就业率（含升学）为 91%。

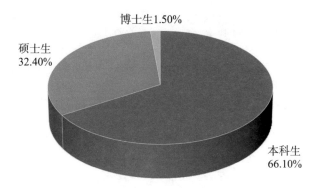

四川大学电气学院 2023 届本硕博毕业生人数分布

2023 届本科毕业生的整体就业率（含升学）为 87％。其中，国内升学 185 人，出国（境）深造 45 人，直接就业 165 人。详细来看，本科毕业生深造总人数为 230 人，其中 185 人国内读研，占本科毕业生总人数的 40.66％。选择在本校深造的人数最多，为 82 人，占国内读研人数的 44.32％，其次为西安交通大学 24 人、华中科技大学和上海交通大学各 8 人。有 45 名毕业生选择出国（境）深造，占本科毕业生总人数的 9.89％，申请高校所在地包括美国、英国、加拿大、新加坡、日本等。

2023 届本科毕业生直接就业 165 人，占本科毕业生总人数的 36.26％。其中，去往电力电工行业的人数为 85 人，占本科毕业生直接就业人数的 51.52％，有 60 人进入电网工作（国家电网 34 人，南方电网 26 人）。除电力电工行业外，44 人去往制造业，11 人去往信息传输与技术行业。

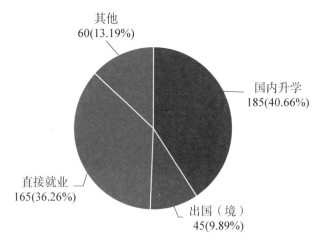

其他
60(13.19%)

国内升学
185(40.66%)

直接就业
165(36.26%)

出国（境）
45(9.89%)

四川大学电气学院 2023 届本科毕业生去向分布

　　2023 届硕士毕业生中，国内升学 14 人，出国（境）深造 4 人，另有 203 人直接就业，整体就业率为 99.1%。其中，92 人去往电力电工行业，占硕士总人数的 41.26%，28 人去往科学研究和技术服务业，27 人去往信息传输、软件和信息技术服务业，25 人去往制造业。其主要就业单位包括国家电网（84 人）、中国电子科技集团（11 人）、四川大学（10 人）、成都飞机工业（集团）有限责任公司（6 人）、中国电力工程顾问集团（6 人）等。

　　2023 届博士毕业生中，9 人直接就业，其中 4 人到高校工作，3 人去往国家电网公司，1 人去往中电普瑞电力工程有限公司，另有 1 人出国。

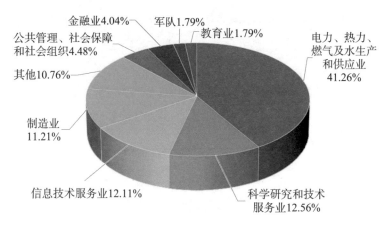

四川大学电气学院 2023 届硕士毕业生去向分布

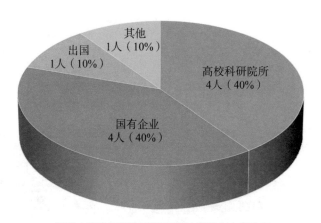

四川大学电气学院 2023 届博士毕业生去向分布

从就业地域分布看，四川大学电气学院 2023 届毕业生去向分布广，辐射全国各省（自治区、市），毕业生留川比例达37.41%，其次是广东省（50 人）、陕西省（36 人）、北京市（30 人）、湖北省（27 人）、浙江省（22 人）、重庆市（21 人）。

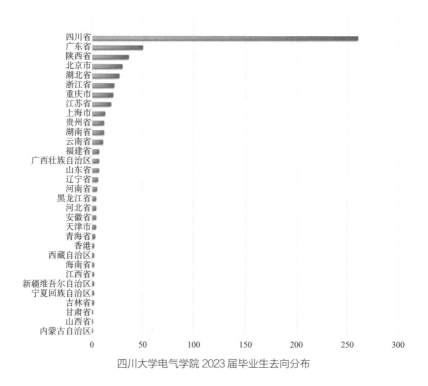

四川大学电气学院 2023 届毕业生去向分布

3.3　职业发展案例

学长说

3.3.1　科研

在学术和科研领域，电气类专业毕业生有机会深入探索各种复杂和前沿的问题，通过创新和发现推动科技进步，从而对经济发展和社会福祉产生重大影响。不仅可以追求个人职业的成就、满足知识上的好奇心，更可以为推动国家的科技创新和经济社会发展做出自己的贡献。

陈陈

上海交通大学教授,顾毓琇电机工程奖获得者

2020 年 4 月,中国电机工程学会印发公文通报,上海交通大学特聘教授陈陈先生因在发电机励磁系统的开创性研究以及在电力系统振荡分析领域的杰出贡献,获得 2020 年度顾毓琇电机工程奖,这是我国首位女性科研工作者获此殊荣。"顾毓琇电机工程奖"由中国电机工程学会与电气电子工程师学会电力能源分会(IEEE PES)于 2010 年联合设立,每年评选一位对推动电机工程领域科技进步做出突出贡献的专家。

1938 年,陈陈出生于上海,因父母都姓陈而得名。陈陈的父亲是交通大学 30 年代电机系校友,毕业后在中国第一个发电厂——杨树浦发电厂(上海电力公司)工作,陈陈的母亲自浙江大学机械系毕业,在交通大学材料力学专业任教。陈陈7 岁开始学习钢琴,中学毕业时,在上海中学生课余艺术团里已是小有名气的钢琴手,当所有人都以为她会在音乐这条路上越走越远的时候,她以数理化三门满分的成绩夺得了华东六省高考理科状元,考入清华大学电机工程系发电厂电力网和电力系统专业,此后从业五十载,始终不渝。陈陈说,"当时我的很多同学都选择学习艺术,做钢琴老师,那确实是一份体面的工作,但是我高考的时候,还是毅然选择了电机专业,可能深受父母的影响,我和弟弟妹妹们都选择了当时国家最需要的实用学科。"在高考作文"你为什么选这个志愿"中,陈陈写道:"为了将来建设三峡,为很多人带来光明。"

毕业后，陈陈响应国家号召投身西部大三线建设，分配到四川德阳的第一机械工业部东方电机厂工作。作为国产大容量发电机励磁系统研发的开创者之一，陈陈参与了产品的开发、设计、实验测试和调试全过程，积累了坚实的专业知识。1980年，国家选送留学生出国，陈陈以优异成绩获得了一机部的第一批公费留美名额，派赴普渡大学电气工程学院 Krause 教授组。陈陈在美期间研究和学习极为出色，仅用三年零三个月的时间即取得硕士（1982 年）和博士（1984 年）学位，1983 年还获得美国大学妇女联合会（AAUW）的国际奖学金（全美660 所大学，只有 40 名获得者）。1985 年，陈陈和先生刘西拉学成回国，他们是改革开放以来双双取得博士学位后第一对回国的留美夫妻。陈陈说："毕业后我从来没有想过留在异国他乡，我要回来建设我的祖国，回国后我选择了交大，因为只有高等教育的这片土壤，才能振兴我们国家的科技力量。"

1980 年代末，水利电力部与上海交通大学联合办学建立上海交通大学电力学院，陈陈作为上海交通大学电气工程学科负责人，带领学科在十年中逐步建成电力系统及其自动化二级学科博士点（1993 年）、上海市重点学科、电气工程一级学科博士点（1996 年）及博士后科研流动站，为上海交通大学电气工程教育体系做出了突出贡献。2005 年，上海交通大学电气工程博士后流动站获评全国电气工程专业唯一优秀博士后流动站，陈陈在人民大会堂接受颁奖。

1994 年起，陈陈任长江三峡工程机电技术设计审查会议特邀专家，指导励磁系统的规范建立和投标评估工作。三峡水电机组励磁系统零故障安全运行至今、三峡工程荣获 2019 年国家科技进步奖特等奖，都体现了陈陈对发电机励磁系统的开创性研究和科学建言决策的重大价值。陈陈说："此生能亲历国家工业化快速发展的进程，参与工程实践，终生学习，追求技术进步，并奇迹般地实现了年轻时建设三峡为民供电的理想，感到十分充实。"

黄文焘

上海交通大学教授，中国青年五四奖章获奖者

2022 年 5 月 4 日，在建团百年到来之际，共青团中央公布了第 26 届中国青年五四奖章获奖者名单，1988 年出生的上海交通大学电子信息与电气工程学院电气工程系教授黄文焘成为获奖者之一。中国青年五四奖章设立于 1997 年，是由团中央和全国青联授予中国优秀青年的最高荣誉。

2010 年，黄文焘进入上海交通大学电气系攻读博士学位。在开学典礼上，钱学森、黄旭华、朱英富等一大批杰出校友的感人事迹让他对国防军工产生热望。几天后的师生互选环节，他遇到了一位从事海军重大装备研发的导师，初次体验了电气学科打造国之重器的独特魅力。舰船纵横驰骋的能量来源是综合电力系统，它的功率高达上百兆瓦，相当于一座十万人口城镇的总用电量。然而，中国高技术船舶整体起步较晚，综合电力系统核心技术与装备受到国外严密封锁。黄文焘下定决心，去练就大型舰船综合电力系统技术与装备研发这番"冷门绝学"。

综合电力系统的研究立足于船，要克服的除了海试时的艰苦，还有航行时的眩晕。2012 年，他负责某船舶电力系统故障保护技术开发，第一次海试，让他这个"旱鸭子"直面挑战。在船舶"摇晃"中坚持科研，他用一周时间完成了所有预设内容，还发现了故障前的振荡现象，这 7 天里，他瘦了 10 斤。2015 年，他放弃外企开出的高薪，选择"下海"，继续"摇晃"科研。

2015 年，他的成果被江南造船厂采购应用；2016 年，成为某新型船综合电力研制组副组长；2017—2019 年，他先后获得 IEEE PESGM1 200 篇论文中的 4 篇杰出论文之一，并担任 3 个 SCI 期刊编委。

2010 年以前，作为船舶能源动力心脏的综合电力系统，其核心装备依赖进口，这让中国一直无法在科考等高技术船舶领域与国外进行直接竞争。恰逢中国高技术船舶设计建造的十年关键期，黄文焘通过与中船集团等单位的跨学科长期紧密合作，在综合电力系统安全稳定领域成果频出，他以第一或主要完成人获各类省部级奖励 7 项，授权发明专利 20 余项，发表学术论文百余篇，入选上海市青年科技"启明星"计划和科技英才"扬帆计划"。

他率先提出了舰船大功率推进惯性控制技术，突破电力推进"耐波控制"，解决了深远海浪涌冲击导致的舰船失速或过

冲难题，保障了高技术船舶在恶劣海况下的安全高效航行。该
成果获 2019 年上海市科技进步一等奖。

黄文焘还提出了船舶"洁净电网"组网及控制技术，开发
了船用电能质量诊断与协同治理系统，换道超车，解决了科考
船精密仪器高品质供电难题，还在核心参数上超越了国外清洁
发电机。

2019 年，黄文焘团队获批创建上海市首个综合电力系统
工程技术中心，汇集来自多学科 10 余名青年学者，共创强
国心。

"我很幸运，多年前的选择，让我有机会参与和见证我国
船舶综合电力从跟跑到并跑、再向领跑跨越的全过程。"当下，
黄文焘和团队正在继续聚焦高能全电船，攻关大功率装备的安
全稳定供电以及其能量管理技术，将科研成果转化为守护国家
安全与开发海洋经济的利器。作为一名青年教师，他也正在以
自己的实际行动引导学生，与青年学生共成长。

3.3.2 国有企业

加入国有企业（以下简称国企）是众多毕业生的普遍选
择。与其他类型的公司相比，国企提供了更为稳定的薪资福
利，这是吸引毕业生的一个重要因素。更重要的是，国企通常
直接或间接地受到国家领导和政策的指导，这使得在国企工作
的员工有机会将个人职业发展与国家的宏观需求和发展目标紧
密结合起来。在国企工作，不仅意味着获得稳定的职业生涯，

还意味着为国家的社会经济发展做出贡献，这对于许多寻求职业意义和社会责任感的毕业生来说，具有特别的吸引力。

邓云坤

中国南方电网云南电网公司电力科学研究院科信部副主任，第21届全国青年岗位能手

邓云坤，2010年9月至2016年3月就读于上海交通大学电院电气工程专业，导师为肖登明教授。现任中国南方电网云南电网公司电力科学研究院科信部副主任，是云南省高层次人才引进计划青年人才、一级拔尖专业技术专家。

邓云坤组建高原环保电力设备项目团队，针对六氟化硫气体存在的高温室效应问题，在国内率先攻克新型环保气体应用于220千伏及以下开关设备中绝缘应用共性关键技术，牵头研发六大类环保气体绝缘电力设备，并首次实现工程应用，取得"从0到1"的重大突破，相关成果被人民网、南方电网报等媒体广泛报道。获得云南电网公司科技进步奖一等奖、云南电网公司专利奖一等奖、中电联电力科技创新奖二等奖、中国电工技术学会科技进步奖二等奖、南方电网公司科技进步奖三等奖等创新奖励。

他入选云南省"高层次人才引进计划"青年人才专项，是全国专业标准化技术委员会委员、含氟温室气体替代及控制处理国家重点实验室客座研究员、中国电机工程学会高级会员、中国电工技术学会绝缘材料与绝缘技术专委会会员、云南省电

力行业协会咨询专家、电工行业-正泰科技创新奖获得者。他充分发挥行业专家智库作用，组织召开国际大电网会议 A3.41第 5 次工作会议暨六氟化硫替代技术国际研讨会，提升我国在相关技术领域的话语权与影响力。他牵头编制的《电力行业六氟化硫替代技术研究报告》已报送生态环境部气候变化司。

同时，邓云坤立足公司生产业务需求，带领团队开展配网"四类主设备"的典型缺陷与故障数据的深度挖掘和分析工作，推动公司配网技术监督落地见效。2020 年春节期间，在严峻的疫情防控形势下，主动配合公司生产技术部开展冰雪灾致配网线路跳闸及设备受损原因分析。2021 年，针对某供应商生产的 10 kV SF6 户外开关箱多次发生气箱漏气的情况，在公司生产技术部、供应链部的指导下，从焊接工艺、压板质量、套管选型等多维度分析明确漏气原因，及时下达产品告警单，监督厂家立行整改，消除了一起重大设备安全隐患。近年来，他协助昆明、曲靖、昭通等 9 家地市局开展近 20 起故障分析与现场处置，持续做好面向基层单位的生产运维技术支持。多次获得云南电科院"优秀专业技术专家"、云南电科院"优秀共产党员"、云南电科院"十佳员工"等荣誉称号。

他立足自身专业强项，多次承担泰国京都电力公司 MEA培训班、公司青苗班、配电专业"云南铁军"技能实操训练营等课程的培训工作，累积培训达 600 余人次。他将所学所长倾囊相授，为支撑公司高质量发展不断输送优秀人才。在公司第十期专业技术人才培养过程中，荣获"优秀导师"称号。

宋钊

中国航空工业集团有限公司西安飞行自动控制研究所伺服控制电子工程师

宋钊 2016 年考入上海交通大学电气工程系，当时面临人工智能和计算机空前热门的情况，他认为只有自己去学习和体验，才能够做出合理的专业选择。为此，他不仅在大一小学期选修了计算机系的课程，还加入了计算机系的实验室开展暑期科研。正是这一份努力，让他在课堂与工程中不断提升自己，从而两次获评专项奖学金，并在大学期间获得了第一个国家级科创竞赛奖项：RoboCup 全国冠军。

与此同时，宋钊利用课余时间做算法题，并与计算机系的同学组队参加竞赛，陆续获得了美国数学建模 M 奖、全国高校互联网应用创新大赛华东赛区决赛二等奖等奖项。他还参加了黑客马拉松，从中接触了 Unity、C♯和 Android。他分析了两年来对 CS 和 EE 的学习、竞赛和科研体验后，逐渐发现，做硬件其实比纯软件更契合自身特点。

在参加全国大学生电子设计竞赛期间，他向助教学长深入了解了电气工程，尤其是电力电子的技术前景和就业状况，也正是这次竞赛经历，使他坚定了进入工业界、深耕电力电子研发的大方向。本科期间，其论文获评校优异学士学位论文，以一作身份发表 EI 期刊论文 1 篇，并获唐立新奖学金、研究生一等学业奖学金。进入研究生学习阶段后，在导师的悉心指导下，他全速推进课题研究。进组 3 个月，宋钊就设计和搭建出了实验平台，并中稿 1 篇国际顶会论文。之后，他不断迭代优化实验平台，在学术会议上做口头报告 2 次，并获评分会场最佳报告人 1 次，以一作身份发表 EI 期刊论文 1 篇。最后，他以高于毕业要求的论文数量，按时通过学位论文答辩。

正是基于宋钊丰富的学习经历和做事认真的态度，使他步入求职季时，凭着专业优势和个人积累，在秋招中陆续拿下十余个录用通知，有了充足的选择空间。最终，宋钊选择了坐落在古都西安的，制导、导航与控制技术在国内处于领先地位的中国航空工业集团有限公司西安飞行自动控制研究所。对于宋钊来说，能够将自己的需求、兴趣、专业和职业结合起来，并融入祖国的国防事业中，是他的心之所向。

3.3.3　民营企业

民营企业在各行各业中占据着重要的地位，它们不仅是市场的重要参与者，更是推动产业创新和经济发展的关键力量。这些企业凭借其灵活性和创新能力，能够迅速响应市场变化，引领行业趋势。在技术进步、产品创新、服务模式等方面，民营企业往往能够展现出超越传统国有企业的动力和活力。它们的成功案例不仅代表了企业本身的成就，也是推动社会经济多元化和可持续发展的重要证据。

董增平

上海思源电气有限公司董事长

董增平，1991 年毕业于上海交通大学高电压专业，曾任上海市政协委员、上海市闵行区政协常委、上海市闵行区青年联合会委员。曾获"上海市优秀中国特色社会主义事业建设者"称号。他于 1993 年创立上海思源电气有限公司（以下简称思源电气），"思源"二字便取自上海交通大学的校训：饮水思源，爱国荣校。

董增平于 1970 年出生，从小积极上进，一直是同学们眼中的学霸型人物，后通过努力考进上海交通大学，攻读高电压专业。大学毕业后，董增平得到了一份稳定的工作——徐州矿务局供电处技术员，由此积累了丰富的经验。

20 世纪 90 年代初期，在改革开放浪潮的鼓舞下，董增平在 1993 年以 6 万元的启动资金创建了思源电气。随着电力行业的发展，在董增平的带领下，思源电气通过人才集聚以及科技创新，很快便在行业内站稳脚跟，于 2004 年 8 月 5 日在深圳中小企业板上市。有了资本的加持后，思源电气的产业链不断拓展，迄今，公司已拥有十多个制造实体，分布于上海、如皋、常州、无锡等地，产品覆盖了超高压和高压开关设备、变压器、继电保护及自动化系统、测量监测装置、汽车电子等专业领域。

茅忠群

方太集团董事长兼总裁

茅忠群，1991 年毕业于上海交通大学，获电力系统自动化专业、无线电技术专业学士学位；1994 年获上海交通大学电子电力技术专业硕士学位；2002 年毕业于中欧国际工商管理学院，获工商管理硕士学位。1996 年创立宁波方太厨具有限公司，现任方太集团（以下简称方太）董事长兼总裁、宁波市十六届人大代表。

茅忠群矢志不渝地致力于将方太打造成为一家伟大的企业。1996 年创业初期，方太规模非常小，只有两三个员工和将近 20 个平方的办公室。但茅忠群的教育背景让他在产品研发上有很大优势，并且他亲自参与了产品的研发设计工作。

2008 年，茅忠群开始在企业管理中导入中华优秀传统文化，并将其与西方现代管理制度结合。他认为，中华优秀文化不仅能让企业在竞争当中具备更大优势，更能使企业从社会层面、道德层面得到提升，从而成为一家伟大的企业。方太成立 28 年来，始终专注于高端厨电领域，并取得了几点成绩：第一，打造了家电行业第一个中国人自己的高端品牌；第二，初步形成了"具有中国特色、中西合璧的方太文化体系"，成为国内企业界的先行者和典范。2017 年，方太成为国内首家跨越百亿的专业厨电企业，并先后获得亚洲品牌十大诚信企业、亚洲品牌 500 强、中国品牌 500 强、中国消费者第一理想品牌、全国单项冠军企业等荣誉，领跑国产厨电品牌。

唐晔

上海柏楚电子科技股份有限公司董事长

中国高校的实验室走出了不少硬核实力的科创公司，上海柏楚电子科技股份有限公司（以下简称柏楚电子）是一个典型。5名上海交通大学毕业的小伙子，毕业即创业，历经12年将企业做上了科创板。在柏楚电子上市这一天，公司董事长唐晔将上海交通大学党委常委、副校长张安胜请到了敲钟现场，上海交通大学原党委书记姜斯宪、原校长林忠钦发了贺信。

早在上海交通大学攻读研究生时，唐晔就和电气工程专业的硕士同班同学代田田、卢琳等一起进行点胶机器人控制系统的研发，并获得上海市大学生创业基金的支持。2007年，唐晔研究生毕业，他和自己打了个赌，如果3个月内还不能在点胶机器人项目上获得突破，就安心去找工作。

"当人没有退路时，往往反而能闯出一条路。"就这样，当同班同学拿着上万元的月薪，坐在外企光线良好、温度适宜的办公室里开始敲代码时，唐晔和校友代田田、卢琳、万章、谢森一起，在交大对面的紫竹国家高新技术产业开发区租了一间78平方米的办公室，开始了创业路。

2009年，公司在全自动点胶机器人控制系统上取得突破，销量超过1000套，发展步入正轨，也让唐晔获得了"第一桶金"。在5人的努力下，柏楚电子很快就在点胶机器人控制系统领域做到了国内第一。2010年，他们又将目光扩展到激光切割控制系统的研发。短短几年后，全球有300多家激光切割设备生产企业使用了柏楚电子的激光切割数控系统，在国内，他们的业务涉及几乎所有知名的激光切割设备企业的系统。
2019 年 6 月 13 日，上交所科创板正式开板，2 个月后，8 月 8
日，柏楚电子在科创板上市，属于最早的几批科创股之一，以
68.58 元/股的发行价创下了当时科创股第一高价股的纪录。
2018 年，唐晔成为柏楚电子董事长；2021 年，唐晔兼任公司
总经理。

　　秉承专业、专注、专研的创业理念，柏楚电子占据了激光
企业控制系统中低功率市场的半壁江山。唐晔的目光已经瞄向
了更具挑战性的高功率市场。乘着科创板东风，柏楚电子的目
标是对标西门子，发展成激光行业最优秀的自动化公司。

上海交通大学电子信息与电气工程学院电气工程系师资人才及获奖情况

上海交通大学电气工程系是中国近代科学技术史上最早建立的电气工程学科，开创了我国电气工程高等教育先河，成为我国电工学术策源地和电机工程师摇篮。近年，上海交通大学电气工程系以国家能源互联网发展战略为抓手，积极促进不同学科、不同研究方向的有机融合以及技术转化，大力开拓全新学科生长点。2018年，电气工程系"电气工程"一级学科成功进入教育部首批"双一流"建设学科之列。

电气工程系师资队伍现有中国科学院院士1名，入选各类人才计划40余人次，其中入选各类国家级人才计划23人次。学科现有国家级研发中心 2 个，省部级基地 6 个，校级基地 3 个，近五年以第一完成单位获国家级及省部级科学技术类奖项 15 项，国家级及省部级教学类奖项 3 项。近五年部分获奖情况如附表 1和附表 2 所示。

附表 1　科研类奖项

奖项名称	项目名称	获奖年份
中国电工技术学会科学技术奖科技进步奖一等奖	配电线路早期故障检测与辨识技术、装置及应用	2023
机械工业科学技术奖科技进步奖一等奖	大规模风电场抗扰动分群优化控制关键技术与装备	2023
中国发明协会发明创业奖创新奖一等奖	具备电动磁浮实车全断电运行能力的 REBCO 高温超导动态磁体关键技术	2023
中国电工技术学会科学技术奖科技进步奖一等奖	多能源局域网的灵活组网、透明调度与故障抑制技术及应用	2022
中国发明协会发明创业奖创新奖一等奖	考虑微气象影响的微能源网就地消纳新能源关键技术	2022
中国电源学会科学技术奖技术发明奖一等奖	基于电力电子化电池单元的规模化储能系统关键技术与应用	2022
中国发明协会发明创业奖成果奖一等奖	REBCO 超导带材超高速批量化制备关键技术	2022
中国有色金属工业科学技术奖一等奖	公里级稀土钡铜氧化物涂层导体超高速制备技术（发明）	2022

（续表）

奖项名称	项目名称	获奖年份
中国造船工程学会科技进步奖一等奖	多能源船舶综合电力系统关键技术研究与应用	2021
上海市科学技术奖技术发明奖一等奖	多兆瓦级电池储能高效变换器和风光储集成关键技术与应用	2020
上海市科学技术奖科技进步奖一等奖	大规模受端电网优化规划及运行支撑关键技术及其应用	2020
中国可再生能源学会科学技术进步奖一等奖	高效可靠并网多兆瓦级风电变流器关键技术与应用	2019
上海市科学技术奖科技进步奖一等奖	大型船舶综合电力系统协同优化与智能运行关键技术及应用	2019
中国电力科学技术奖科学技术进步奖二等奖	大量新能源接入下的电力系统柔性及灵活性资源优化规划关键技术	2019
中国电力科学技术奖技术发明奖二等奖	安全高效电网侧储能功率变换系统	2019

附表 2　教学类奖项

奖项名称	项目名称	获奖年份
国家级教学成果二等奖	使命驱动、专创融合、生态赋能——电子信息创新创业人才培养体系构建与实践	2022

（续表）

奖项名称	项目名称	获奖年份
上海市教学成果奖二等奖	虚实结合、研学相长、校企联动——构建电气学科贯通融合的柔性闭环实践教学体系	2022
上海市教学成果奖二等奖	使命担当、技术驱动、行业引领的实战型创新创业人才全周期培养体系构建与实践	2022

参考文献

[1] 国之光荣——秦山一期核电站［EB/OL］．（2022－04－26）［2024－04－01］．https：//www.caea.gov.cn/n6760341/n6760361/c6827705/content.html.

[2] 陈亚珠：医工交叉开拓者，健康中国笃行人［EB/OL］．（2022－12－20）［2024－04－01］.https：//news.sjtu.edu.cn/ztzl_jdms/20200528/124927.html.

[3] 上海交通大学第三届十大科技进展获得者蔡旭［EB/OL］．（2024－03－13）［2024－04－01］.https：//news.sjtu.edu.cn/ztzl-sdkjjz/20240313/194643.html.

[4] 清华大学电机系2023届毕业生就业质量报告［EB/OL］．（2024－01－02）［2024－04－01］.https：//www.eea.tsinghua.edu.cn/info/1038/5850.htm.

[5] 赵劲帅，冷玉婷．四川大学电气工程学院2023届毕业生去向盘点［EB/OL］．（2024－02－09）［2024－04－01］.https：//mp.weixin.qq.com/s/B5dReUNsCf0Ly3ZmN50DnQ.

[6] 温婷．柏楚电子唐晔：做自己的"技术备胎"［EB/OL］．（2019－09 25）［2024－04－01］.https：//news.cnstock.com/kcb，tt-201909-4434193.htm.